THE TAPHONOMY OF LIFE AND DEATH
化石ドラマチック
監修 芝原暁彦
著 土屋健
絵 ツク之助
イースト・プレス

はじめに

化石には、ドラマがあります。

え？　何のこと？
そう思われたかもしれません。
私たちがテレビや映画、漫画や小説などで見る恐竜やその他の古生物に関わる〝物語〟の多くは、創作によってつくられています。そこに科学的な根拠がある場合もあれば、そうした根拠がない場合もあります。
創作が「悪い」というわけではけっしてありません。化石しか残っていないけれども、でも確かに実在した古生物。そんな古生物をもとに創作物を生み出すことができる。それは、古生物のもつ魅力の一つです。

しかし、ときに、ごく稀に、かなり珍しい例として、化石自体が物語性をともなって、発見されることがあります。また、化石を研究することで見えてくる物語もあります。

たとえば、肉食恐竜と植物食恐竜が争った姿のまま化石になっていたり。

たとえば、交尾をしたままの姿勢で化石となっていたり。

たとえば、なぜか一列縦隊になって化石となった三葉虫がいたり。

なぜ？　どうして？　そんな姿で化石になったの？

そこにある物語を感じずにはいられません。

研究者たちは、さまざまな証拠から推理を展開し、その物語……ドラマを読みとります。

この本では、そうした〝ドラマ性のある化石〟〝化石からわかるさまざまなドラマ〟のお話を集めました。古生物の生態、そして、進化など、多くの視点が盛り込まれた1冊です。


本書を製作するにあたり、古生物学者にして恐竜学研究所客員教授の芝原暁彦さんにご監修いただきました。また、8〜12ページの化石写真を掲載するにあたり、国内外の多くの方々にご協力いただきました。お忙しい中、皆様、本当にありがとうございました。

すべてのお話には、映画ポスターを模した素晴らしい扉絵と、可愛らしいイラストが描かれています。いずれもツク之助さんの作品です。デザインはTwo Threeの金井久幸さんと横山みさとさん、編集はイースト・プレスの黒田千穂さんという陣容で制作しています。


化石から研究者たちが読み取った「古生物たちのドラマ」をお楽しみください。

２０２０年５月　著者

化石ドラマチック もくじ

第2章

陸の古生物のドラマチック ―― 57

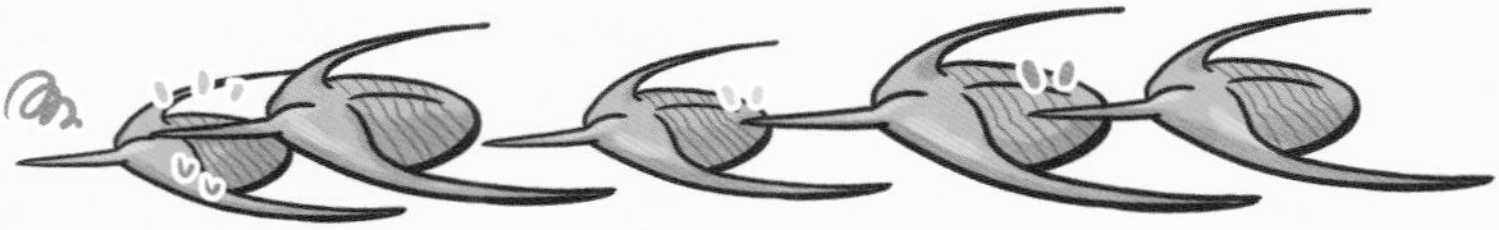

ックアワード！

茶色で地味～なイメージの化石。でも、たくさんのドラマがつまってる！ 本書で取り上げた化石をいくつか紹介します。

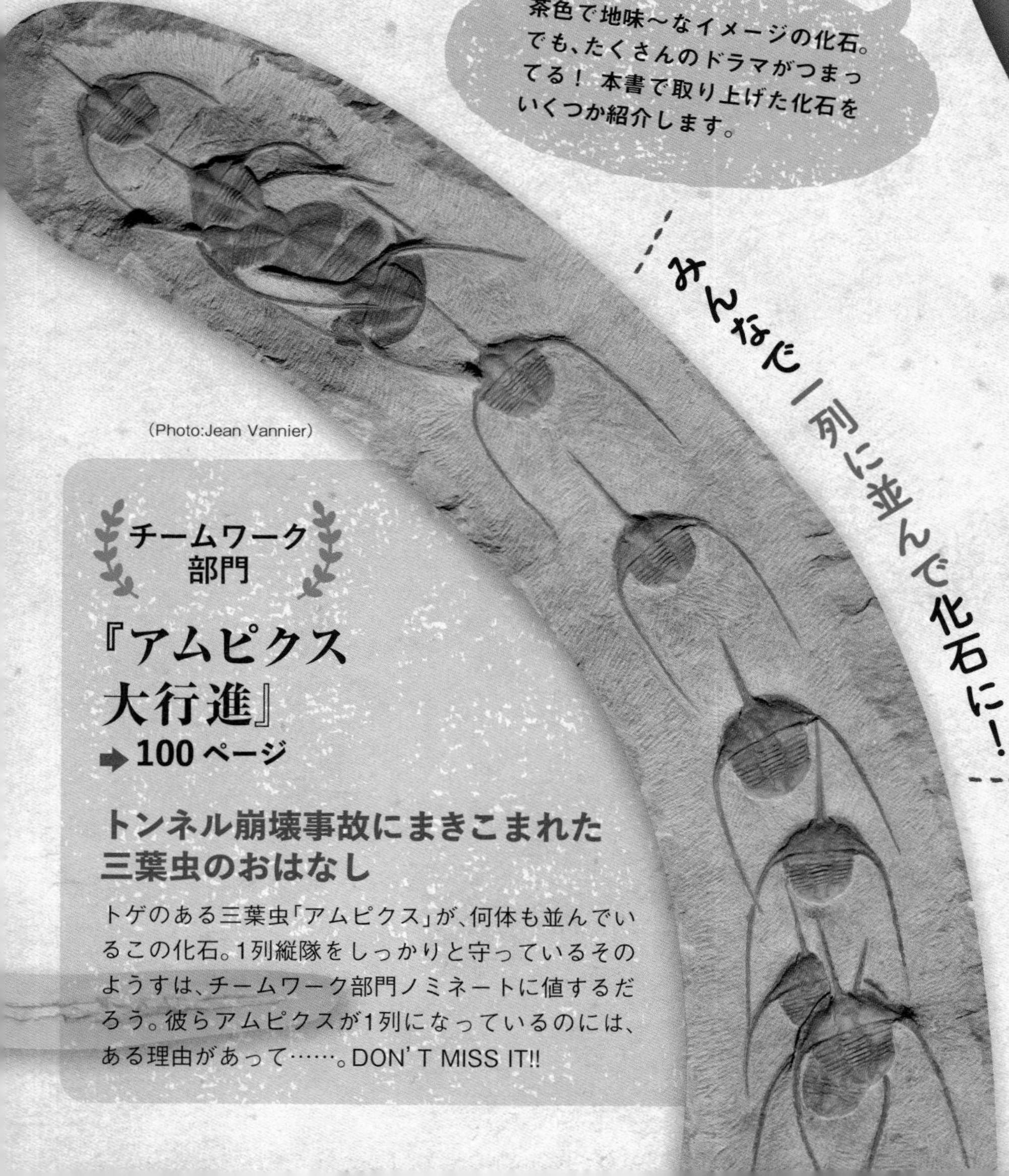

みんなで一列に並んで化石に！

（Photo:Jean Vannier）

チームワーク部門

『アムピクス大行進』

➡100ページ

トンネル崩壊事故にまきこまれた三葉虫のおはなし

トゲのある三葉虫「アムピクス」が、何体も並んでいるこの化石。1列縦隊をしっかりと守っているそのようすは、チームワーク部門ノミネートに値するだろう。彼らアムピクスが1列になっているのには、ある理由があって……。DON’T MISS IT!!

化石ドラマチ

戦っている姿のまま
化石になった！

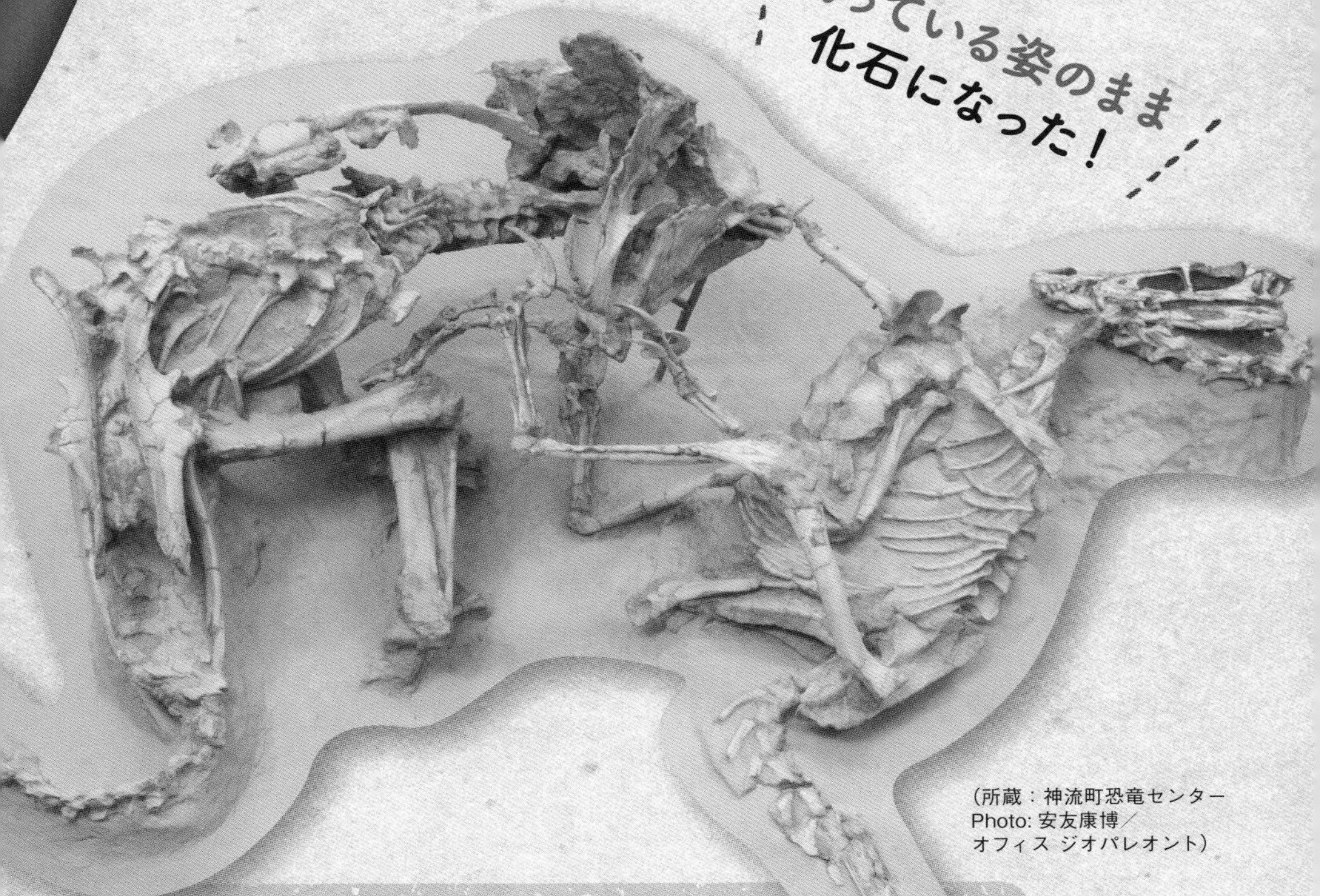

（所蔵：神流町恐竜センター
Photo: 安友康博／
オフィス ジオパレオント）

アクション
部門

『闘争化石』

➡24ページ

戦闘中に化石となった恐竜たちのおはなし

がっぷりと組み合う、プロトケラトプスとヴェロキラプトルの2体。その戦いのようすは、何千万年も昔のことであるにもかかわらず、目の前に浮かび上がるようである。神流川恐竜センターに展示されているぞ！

魚の化石の中に、魚の化石が!?

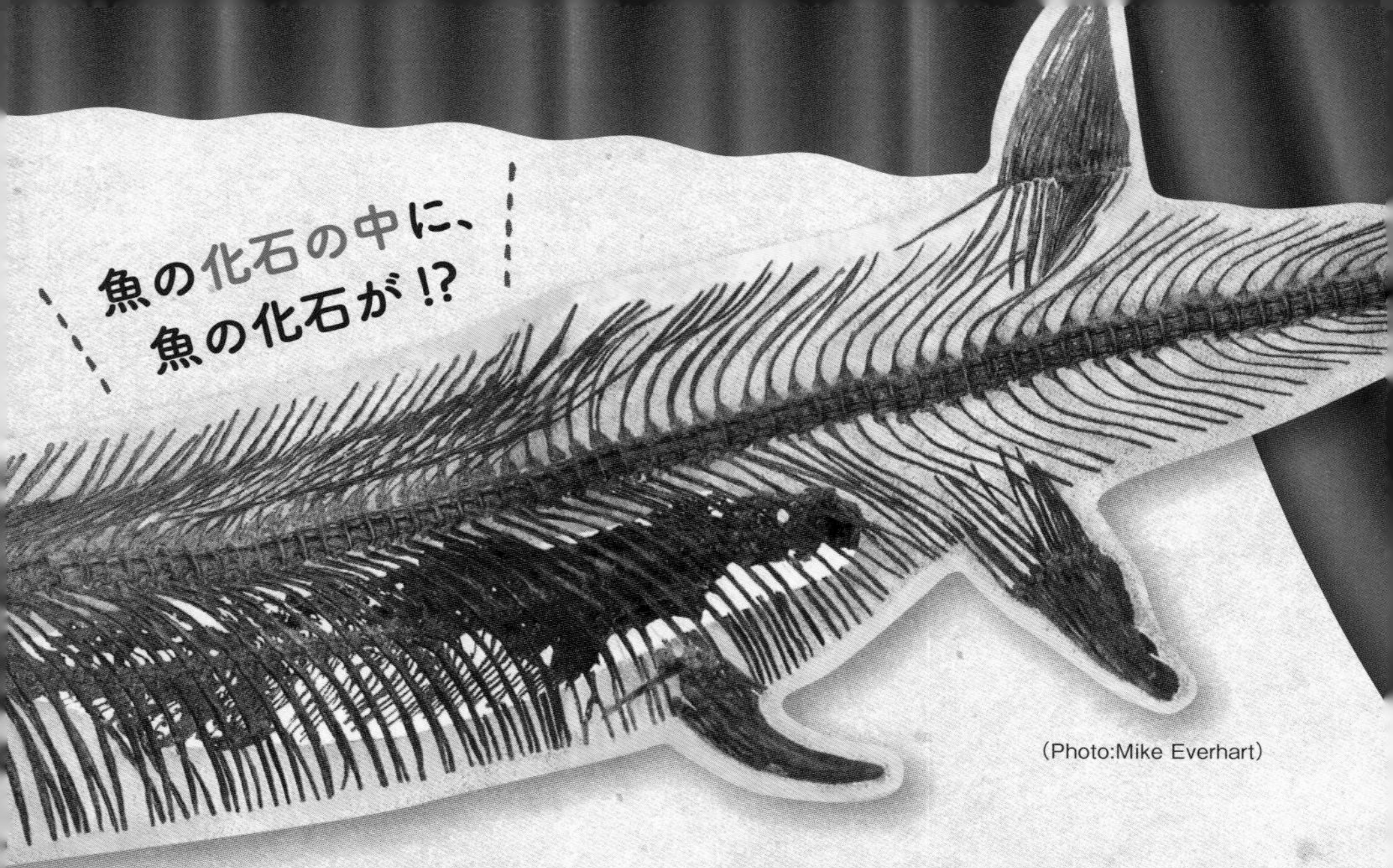

（Photo:Mike Everhart）

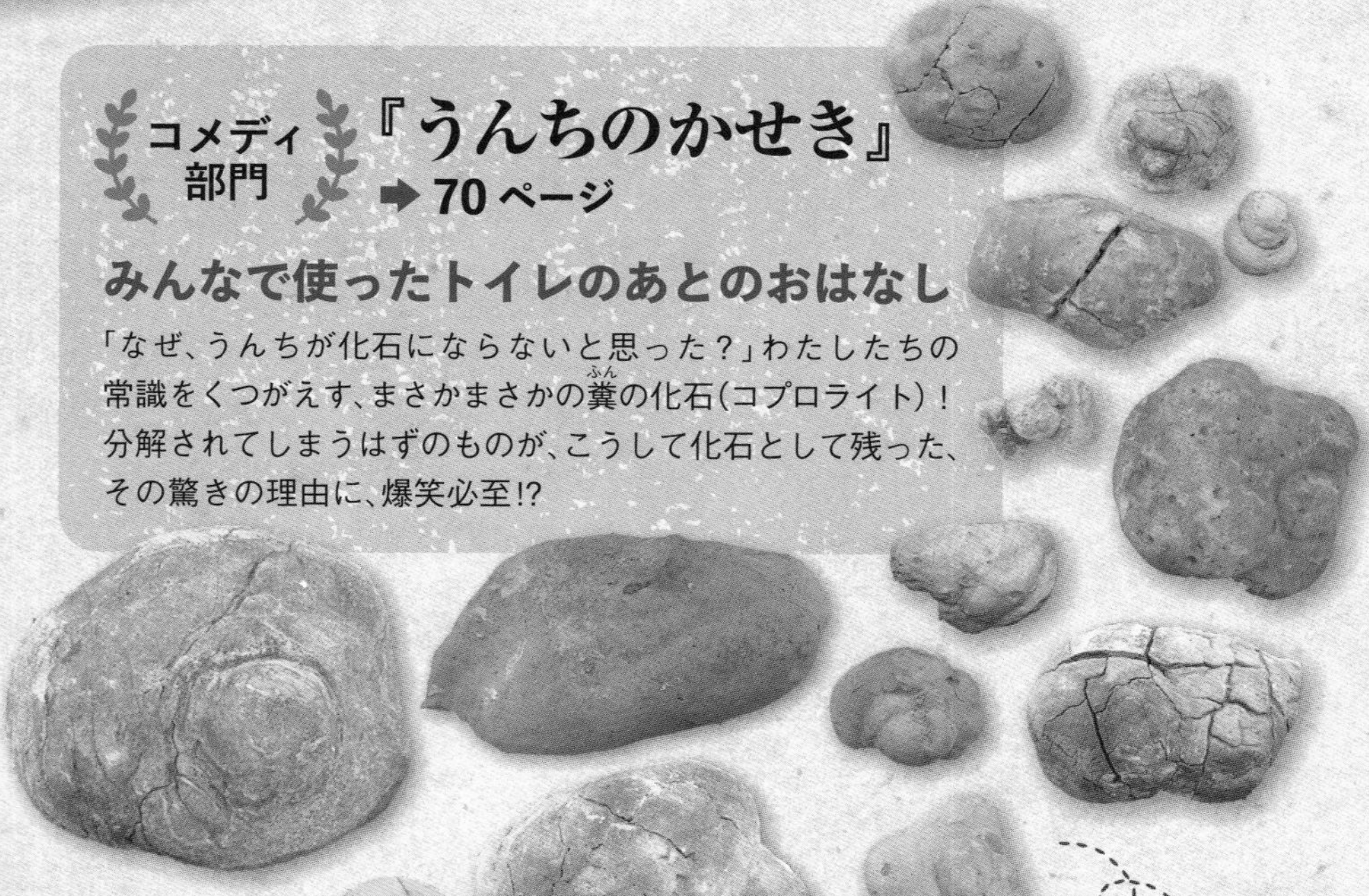

コメディ部門 『うんちのかせき』

➡ 70ページ

みんなで使ったトイレのあとのおはなし

「なぜ、うんちが化石にならないと思った？」わたしたちの常識をくつがえす、まさかまさかの糞《ふん》の化石（コプロライト）！分解されてしまうはずのものが、こうして化石として残った、その驚きの理由に、爆笑必至!?

（Photo:Lucas Fiorelli）

これぜーんぶ、うんちです！

うっかり部門

『よくばりしふぁくちぬす』

➡ 132 ページ

大きな獲物を飲んだシファクチヌスのおはなし

「ウエスタン・インテリア・シーの悪夢」の呼び声も高い、当時の〝最凶魚〟シファクチヌスだが、ちょっとうっかりものもいたらしい。なんと、彼は、食欲をそそられるあまり、大きすぎる獲物を飲みこんでしまったのである。そのうっかりさを、ここに賞す。

まるで宝石みたい！

ビューティー部門

『月のおさがり』

➡ 140 ページ

死して宝石を残したビカリアのおはなし

「空を旅する月が一休みしたとき、美しい宝石が生まれる――」。日本のとある地方の民話にもある、美しくも幻想的な化石、ビカリア。なぜ、不思議な形をしているのか、その謎に迫る。実物は瑞浪市化石博物館でみられるぞ！

（Photo: 瑞浪市化石博物館）

小さな賢い魚たちの化石

そっくり部門

『Real Swimmy』

➡ 136ページ

群れのまま化石になった小魚のおはなし

名作『スイミー』(レオ＝レオニ作)そっくりの、小さな魚たちの群れが保存された化石！　化石にもかかわらず、この再現度！(もちろん、時代は、スイミーが後！)　この化石は福井県立恐竜博物館に展示されている。

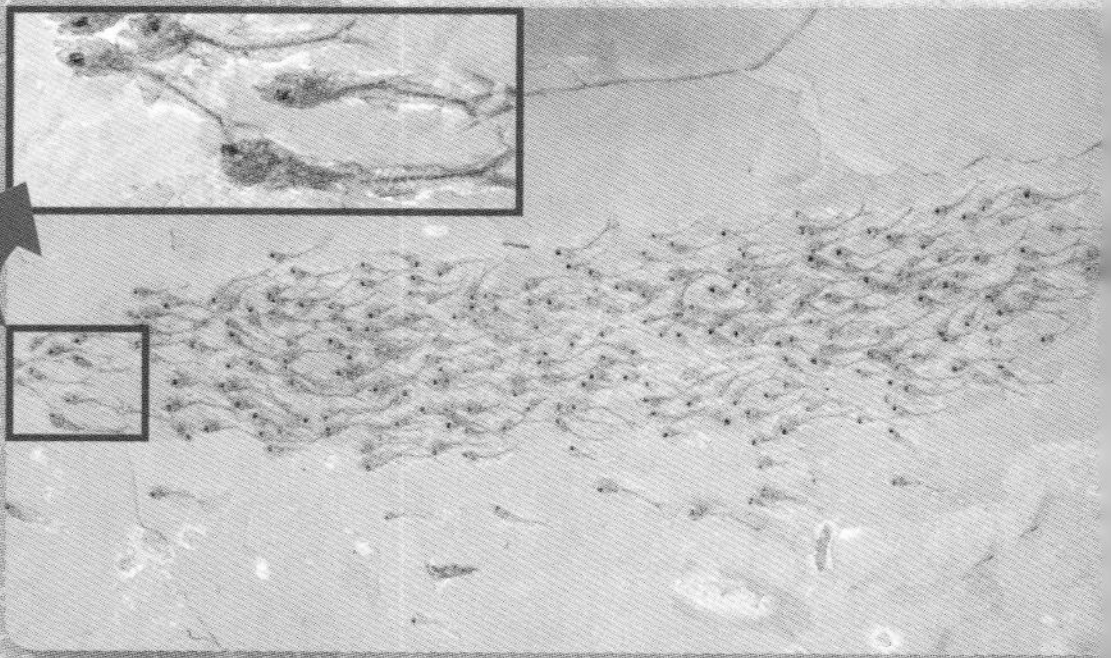

(Photo:Nobuaki Mizumoto, Shinya Miyata and Stephen C. Pratt. "Inferring collective behaviour from a fossilized fish shoal." Proceedings of the Royal Society B 286.1903 (2019): 20190891)

ファビュラス部門

『スリーピングドラゴン』

➡ 32ページ

眠ったまま化石になったメイ・ロンのおはなし

「きれいに全身残ってるだろ。ウソみたいだろ。化石なんだぜ。それで……。たいしたキズもないのに、だた、ちょっと噴火があっただけで……こんなにきれいに残ったんだぜ。な。ウソみたいだろ……。」

全身が美しく残った奇跡の中の奇跡！

(Photo:Xing Xu)

序章
化石のドラマを楽しむための基礎知識

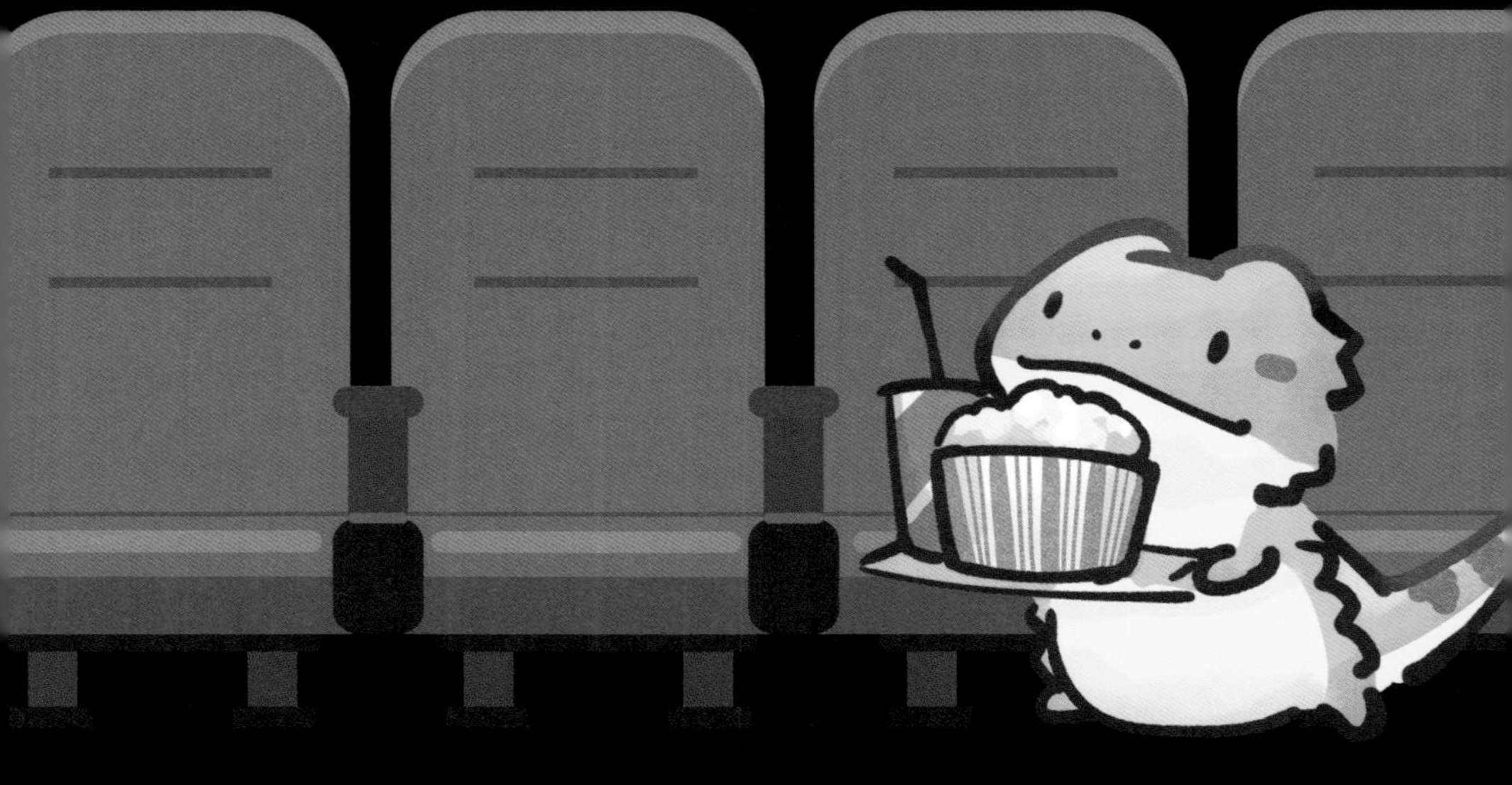

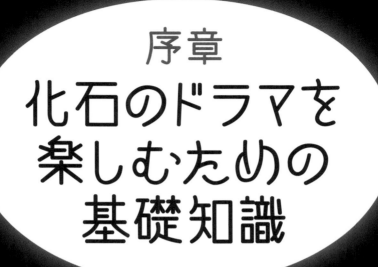

そもそも「化石」に残ることがドラマチックなのだ！

この本は、化石から読み取ることができるドラマチックな物語を集めたものです。

読み進めるために、まずは「化石」とは何なのかを知っていただこうと思います。

みなさんは、「化石」と聞いて、どのようなものをイメージするでしょうか？

恐竜などの「骨」でしょうか？

それとも、アンモナイトや三葉虫の「殻」でしょうか？

ひょっとしたら、「石に化ける」という漢字の字面から、「化石とは石のように硬いもの」を思い浮かべるかもしれません。

たしかに「硬い化石」は多いのですが、「硬くない化石」もたくさんあります。

そもそも化石とは、地中に眠っていた太古の時代に生きていた古生物の「遺骸」のこと。骨や殻のように硬いものもあれば、筋肉や内臓のようにやわらかいものもあります。

たとえば、シベリアの永久凍土からみつかる冷凍マンモスです。冷凍マンモスは、骨も内臓も筋肉も毛も残っています。それらをひっくるめて、まるごと一体の化石なのです。

また、「生活の痕跡」も化石になります。足跡や巣穴、ときには糞の化石もあります。

こうしたさまざまな化石は、いくつもの幸運が積み重なって、私たちの目の前に姿を現しているのです。

◀遺骸は誰の目にも届かないところにあるのがのぞましい。すぐに見つかってしまうと、食べられてしまう。

化石になるためには……

化石ができるには、いくつもの条件があります。

まず、自然死した生物は化石になりにくい。寿命を迎えて大往生するということは、その死んだ場所が〝普通の場所〟である可能性が高いことを意味しています。そんな場所で死ねば、肉食動物の格好の餌食です。遺骸は食い荒らされ、踏み荒らされ、持ち運ばれてしまいます。

肉食動物に荒らされないためには、どこで死ねば良いのでしょう？　それは、肉食動物がやってこない場所が一番です。しかし、そうそう都合の良い場所はありません。

そこで大切になるのが、「すぐに地中に埋もれること」です。ある程度の深さに埋もれてしまえば、肉食動物に荒らされる心配はなくなります。

しかし、地中に埋もれた遺骸のすべてが化石として残るわけではありません。多くの場合、バクテリアなどによる分解を受けます。このとき、ほとんどのバクテリアは軟らかい組織を好むので、先に内臓や筋肉が分解されていきます。私たちが目にする化石で骨や殻が多い理由は、この分解によるものです。

▶せっかく化石になれても、なくなってしまったり、こわれてしまったりする危険がある。

ただし、骨や殻などの硬い組織が必ず残されるというわけでもなく、硬組織も食べてしまう生物も存在します。

地中も安全とはいえません。地下の世界は、地殻変動によって曲がり、寸断され、また、高熱のマグマなどが近くを通る場合もあります。その都度、化石は破壊の危険に遭遇するわけです。

そして、私たちが化石に出会うためには、化石が地表から露出しなければなりません。大規模な発掘でもしない限りは、自然に露出している化石を人類がみつけなければいけないのです。

自然に露出する、ということは、雨風や海や川の水などによって地層が削られたということです。

こうして露出した化石は、人類が速やかに発見し回収しないと、今度は雨風や海や川の水などによって破壊されていきます。時間が経《た》てば経つほど、化石は永久に失われていくのです。

このように、そもそも「化石ができる（人類の目に触れる）」までには、いくつものクリアしなければいけない条件があり、そこにはとんでもない幸運も必要になります。

一つの化石がみつかったとしたら、その背景には膨大な量の〝みつかっていない化石〟があり、そして、それをはるかに凌駕《りょうが》する〝化石になら

▶大きな化石だけじゃない！　小さな化石を探すこともある。

なかった遺骸〟があるのです。

あなたが手にする化石も、図鑑などで目にする化石も、博物館で会う化石も、すべての化石が「化石になるというドラマ」を経て、そこにあります。

化石発見もドラマチック

化石はどのような人がみつけるのでしょうか？

まずは、研究者です。「古生物学者」や「地質学者」と呼ばれる人々です。研究者は、専門的な知識と技術を身につけています。彼らは、世界中に分布するさまざまな地層から、化石がみつかりやすい場所をしぼりこみ、探すことができます。

もっとも、すべての研究者があらゆる化石を探すことに長けているわけではありません。

恐竜などの脊椎動物を探すことが得意な研究者がいれば、アンモナイトなどの無脊椎動物の化石を探すことが得意な研究者もいます。顕微鏡を使わなければ見えないような小さな化石を探す研究者もいます。

化石を探すとき、多くの場合で重視されるのは、過去の研究者が残した記録です。

化石ができる条件と幸運を満たす地層や場所は多くはありません。そのため、一つの化石が発見された地層や場所では、二つ目、三つ目の化石がみつかる可能性が高いといえます。

一方で、過去の記録があるということは、その場所の化石はすでに採集されているということでもあります。……ということは、新たに探してもみつからないかもしれません。

そこで、過去の記録とともに自分の知識と経験を総動員し、自分なりの探し方で化石をみつけます。研究者によっては、あえて過去の発見場所を外して探す、という人もいます。

古生物学ではアマチュアの愛好家の活躍が重要です。研究者顔負けの知識をもつ愛好家は、これまでにも多くの重要な発見をしてきました。

フタバスズキリュウこと「フタバサウルス（*Futabasaurus*）」やむかわ竜こと「カムイサウルス（*Kamuysaurus*）」の最初の発見者は、アマチュアの愛好家でした（カムイサウルスの発見と発掘に関しては、拙著の『ザ・パーフェクト』：誠文堂新光社刊行をご覧ください）。古生物学は、知識をもったアマチュアとプロが連携することで発展してきたのです。

〝いつもの研究〟もドラマだ！

採集した化石は、多くの場合で岩石を取り除く「クリーニング」と呼ばれる作業が必要です。これもまた、一筋縄ではいかない作業です。

典型的なクリーニング方法は、ハンマーとタガネを用いるもの。タガネとは、金属製の小さ

▶化石をみつけてからも一苦労。
慎重にクリーニングする。

な杭《くい》のようなものです。

タガネを化石のまわりの岩石に立てて、その上をハンマーで叩《たた》きます。すると、わずかに岩石が削れるのです。これを慎重に繰り返しながら、岩石から化石を露出させていきます。細かい作業をするときは、大きなルーペを固定して、そのルーペ越しに岩石と化石を見ながらの作業になります。

電動の機械を用いる場合もあります。

歯医者で使うドリルのような器具が一般的です。ただし、その先端は回転するのではなく、圧縮空気によって細かく上下に振動します。

また、細かな砂を叩きつけることで岩石を削っていく機械もあります。

化学薬品を用いる場合もあります。

タガネや電気器具などの物理的な方法ではやりにくい、壊れやすい化石を露出させる場合に好まれる方法です。岩石の成分を分析し、その岩石を溶かす薬品につけるのです。すると、少しずつ岩石が溶けていきます。

どのような方法を採用し、どのくらいの時間をかけてクリーニングを行っていくのか。その判断には、ある程度の経験が必要です。

岩石と化石の種類、質、保存状態など、クリーニングのやり方を左右する要素はたくさんあります。そこから、その化石に適したクリーニング方法を選び出さなければいけません。

大学や博物館には、そうしたクリーニング作業を専門として担当する人々もいます。クリーニングが終わったら、今度は「同定」と呼ばれる作業がはじまります。それがいったいどんな種なのか。定めていく作業のことです。

過去に研究され、名前（学名）がつけられた化石であれば、その種の特徴が事細かに記録された論文が存在します。研究者は、そうした論文を調べ、化石に見られる特徴を比較して種を決めていきます。

ときには、過去に報告された化石そのものと新たにみつけた化石を直接比較し、共通点や異なる点を探していきます。

古生物学は、化石という〝実物〟のある学問です。大学や博物館では膨大な量の化石が大切に保管されています。研究者は必要に応じて、そうした大学や博物館を訪ねることになります。

研究者には専門とする分野があります。自分でみつけたもの、あるいは、アマチュアから持ちこまれたものが自分の専門分野とは限りません。

そこで、研究者は、より専門性の高い研究者と連絡をとり、ときには化石を譲り、ときにはともに研究を進めていきます。

こうして調べた結果、過去に誰も報告したことがない新種である、ということがわかると、学名がつけられます。このとき、研究者は、みつかった化石が新種である理由を書いた論文を発表します。発表にあたっては複数の研究者のチェックを受けることが一般的です。自分が新種と思っていても、実は見落としている点があるかもしれないからです。

論文の発表がゴールというわけではありません。

発表された論文は、今度は世界中の研究者が目にすることになります。ある研究者はその論文をもとにさらなる研究を進め、ある研究者はその論文の検証を行います。

検証の結果、新種ではないと明らかになって、学名が抹消されることもあります。

研究者は、化石からさまざまな情報を読みとります。

動物であれば、歯の形を見るとある程度は食性を推測できます。

胃があったであろう場所を調べると、その古生物が最後に食べた〝最後の晩餐《ばんさん》〟が残っていることがあるのです。たとえば、魚の鱗《うろこ》が残っていたら、魚を食べていたとわかるわけです。

また、現生種と同じかその近縁種と同じであるとわかれば、生きていた環境を推測することができます。みつかった化石がサンゴであれば、その化石が含まれていた地層は暖かく浅い海だったとわかるといった具合です。

ある種の化石は世界各地で発見されるものの、その化石が含まれている地層は極めて限られた時間にできたものであることがわかっています。化石が、含まれていた地層の時代を決める手がかりとなることもあります。たとえば、ある種のアンモナイトは、中生代白亜紀の、ほんの一時期にしか生きていませんでした。そのアンモナイトの化石がみつかれば、その地層は白亜紀のほんの一時期にできたものとわかります。すると、同じ地層に含まれている他の化石の古生物が生きていた時代も特定することができます。

私たちは、博物館や図鑑でさまざまな化石と復元された古生物、それにまつわるさまざまな物語を目にします。

私たちがそれらを見られるようになるまでには、数え切れないほどたくさんのドラマがあるのです。

▲化石には古生物のドラマ、そして研究者たちのドラマがつまっている！

第1章
恐竜たちのドラマチック

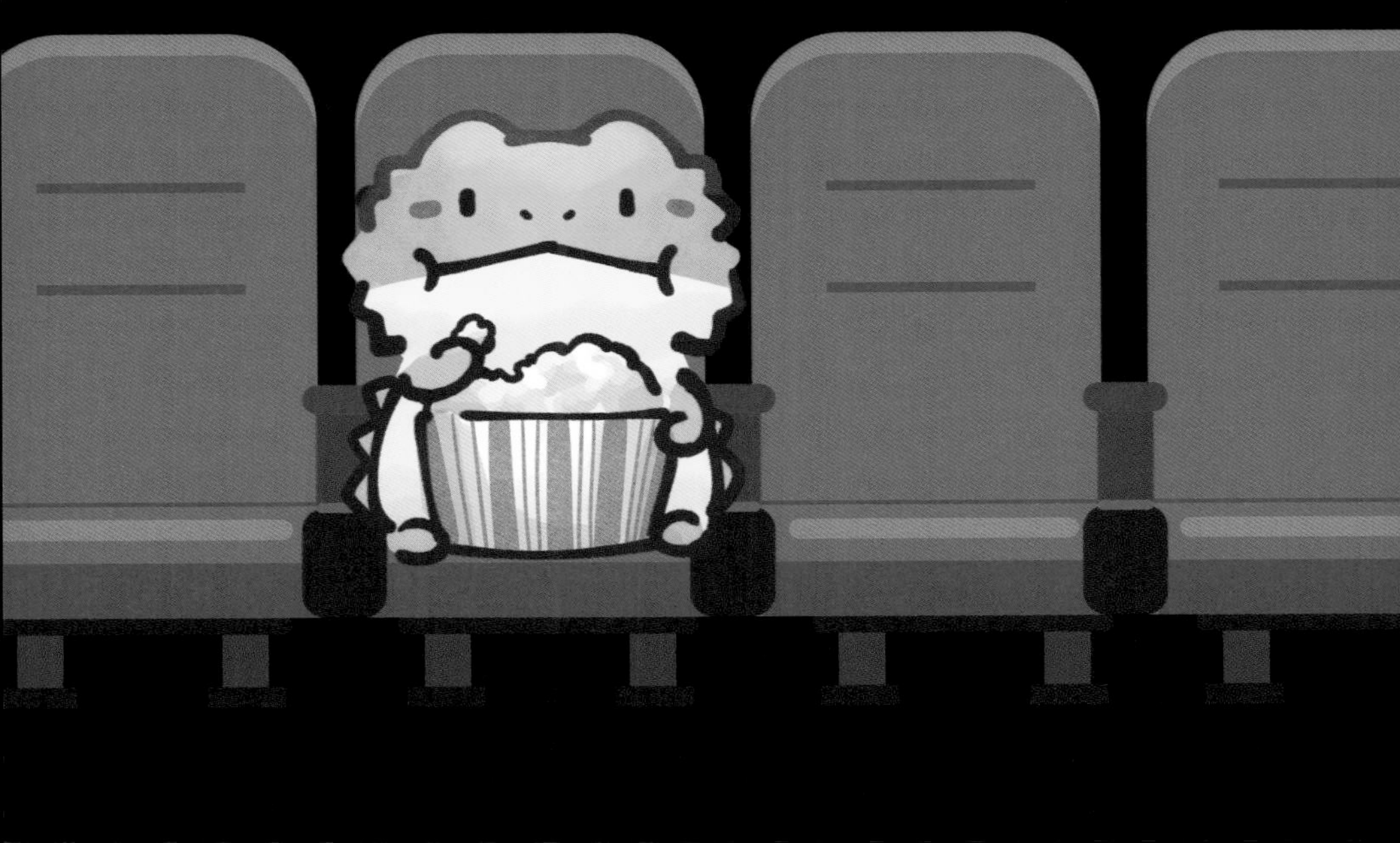

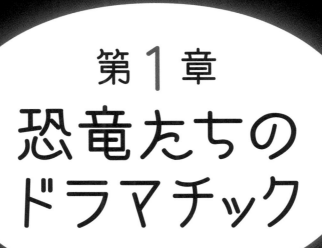

NOW SHOWING
プロトケラトプス
ヴェロキラプトル
闘争化石
命を賭けた戦い
戦闘中に化石となった恐竜たちのおはなし

INTERVIEW

アロサウルス氏はこう語る。「私の化石にステゴサウルスさんの尾のトゲでつけられた傷があるものがみつかったんです。だからぼくらは戦っていたと考えられているわけなんですね」

決定的証拠!?

たとえば、恐竜をテーマにした映画を見ていると、肉食恐竜が植物食恐竜を襲う場面は当たり前のように描かれています。

しかし実は、こうした場面は、ほとんど想像でつくられています。

恐竜に限らず、絶滅したすべての古生物について、私たちは生きている姿を観察することはできません。

「何が」「何を」襲っていたのかは、観察をすれば明らかなのですが、それができないのが、古生物なのです。

ところが、戦っている〝場面〟が奇跡的に保存された恐竜化石がみつかっています。

その化石は「格闘恐竜」と呼ばれています。

そもそも古生物学では、さまざまな証拠から、「何が」「何を」襲っていたのかを推理していきます。

たとえば、ある捕食者の体内に、獲物の骨が入っていることがあります。そうした場合、襲ったものと襲われたものは明らかでしょう。

たとえば、ある動物に、別の動物の歯形が残っていることがあります。これも、襲撃の証拠

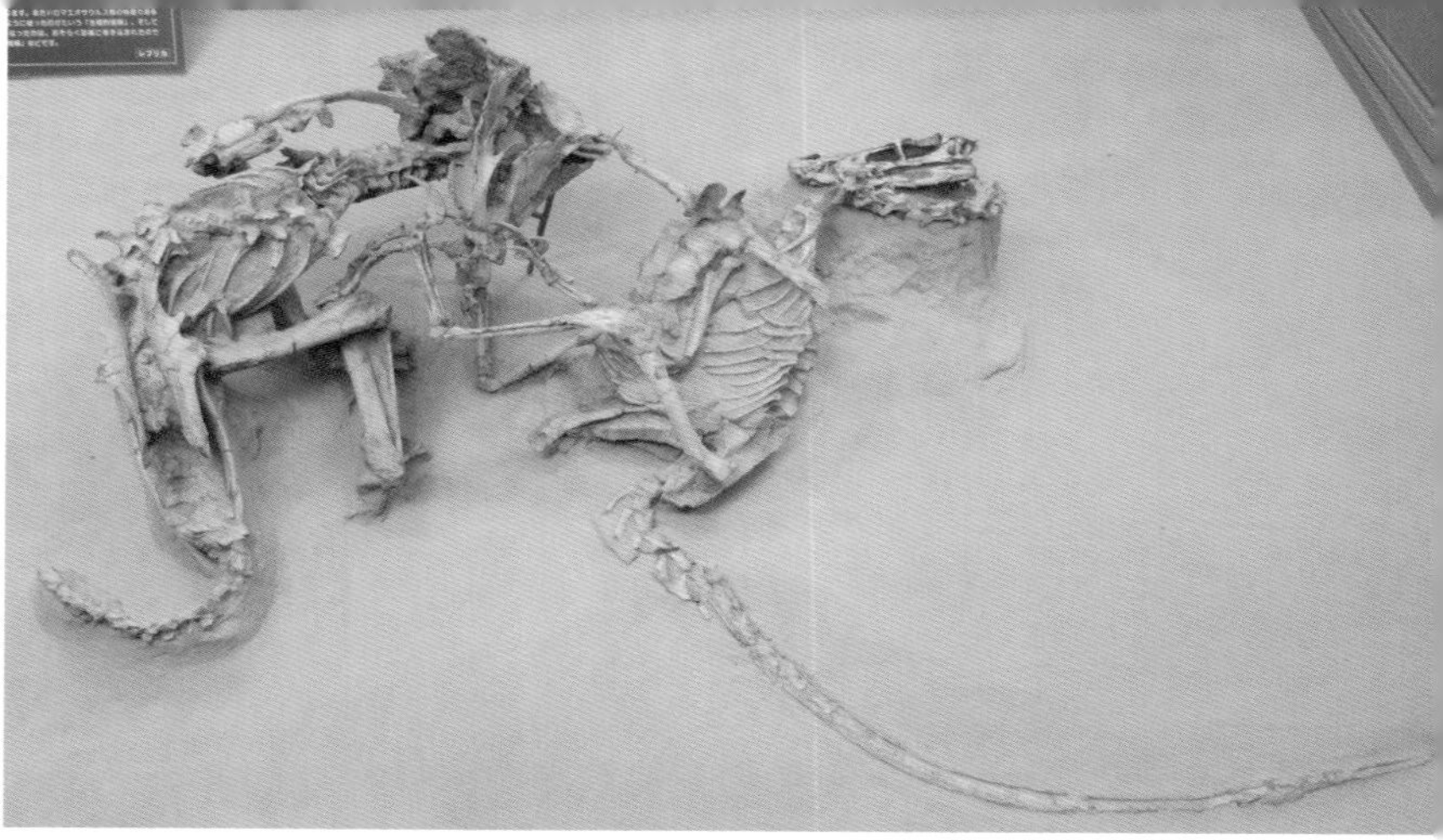

▲化石の実物。　（所蔵：神流町恐竜センター　Photo: 安友康博／オフィス ジオパレオント）

と考えて良さそうです。

しかし、こうした〝直接証拠〟がある場合でも、「どのように」襲っていたのかは、想像するしかありません。

捕食者が獲物を襲うとき、どこを狙うのか。

襲われた方は、反撃したのだろうか。

そもそも捕食者が襲ったとき、獲物は生きていたのか。

そうした〝物語〟は、正しくはわからないことがほとんどなのです。

しかし恐竜化石の中には、この物語が保存されたものがあります。

「格闘恐竜」は、小型肉食恐竜の「ヴェロキラプトル（*Velociraptor*）」と植物食恐竜「プロトケラトプス（*Protoceratops*）」の戦いの場面が保存されたとてもめずらしい化石です。

かぎ爪を急所にたたきこむ

ヴェロキラプトルは、全長2・5メートルのからだに対して、推定体重25キログラムという軽量で、二足歩行の恐竜です。

トレードマークは、後ろ足の第2指にある大きなかぎ爪。弧を描くその爪の長さは実に10センチメートル前後に達しました。

一方のプロトケラトプスは、「角竜類《つのりゅうるい》」というグループに属しています。全長はヴェロキラプトルとさほど変わりませんが、体重はその5倍ほどだったとみられています。

この2種類の恐竜が戦っている「格闘恐竜」の化石は、1970年代にモンゴルとポーランドの合同調査隊によって、モンゴルのゴビ砂漠で発見されました。

格闘恐竜では、ヴェロキラプトルが自分の最大の武器である足のかぎ爪をプロトケラトプスの首に食い込ませ、一方で、プロトケラトプスもやられるままではなく、ヴェロキラプトルの右腕をしっかりとくわえこんでいました。

まさに死闘。

この化石は、ヴェロキラプトルのかぎ爪がけっして飾り物ではなく、強力な武器だったことを示す証拠の一つとなりますし、襲われる側のプロトケラトプスもしっかりと反撃していたことを示しています。

この戦いの場面が、化石に残っているのです。

当時、この死闘が行われているさなか、近くにあった砂丘が崩れたのか、それとも、砂嵐が襲ったのか。

彼らは格闘姿勢のまま、砂に埋もれ、化石となったのです。

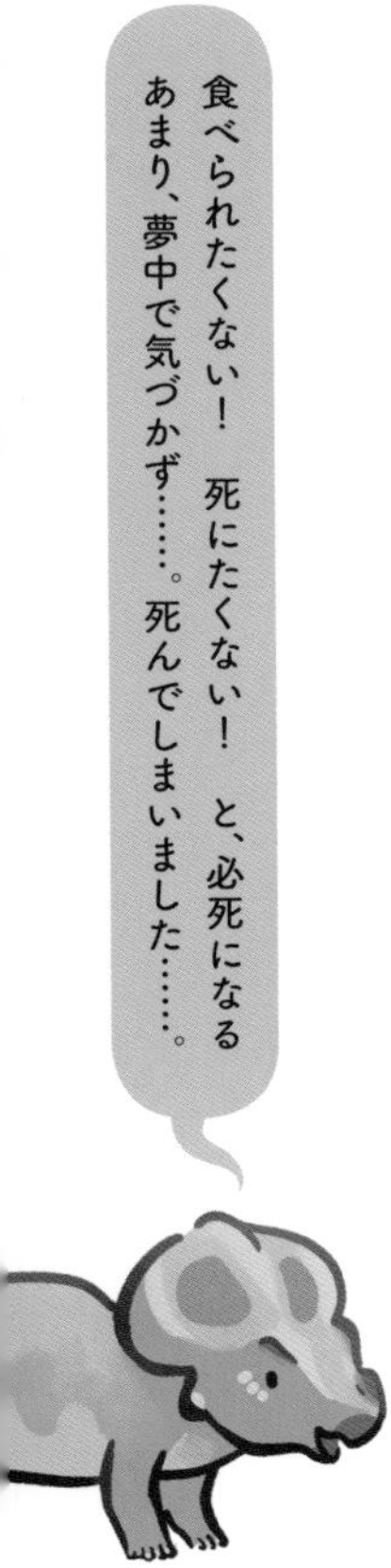
食べられたくない！　死にたくない！　と、必死になるあまり、夢中で気づかず……。死んでしまいました……。

NOW SHOWING
主演
オヴィラプトル
仲間の亡骸が
彼の無罪を証明した――
TAMAGO DOROBOU TO
IWARETA KAREWO
SUKUTTANOHA NAKAMANO SHITIPATI DATTA.
バヤンザクの空に
THE
BAYANZAK
濡れ衣を着せられたオヴィラプトルのおはなし

INTERVIEW

とさかとクチバシが特徴的なオヴィラプトル氏。「獣脚類だけど、歯はないから、肉を食べられたの？　と、人類のみなさんをおおいに混乱させましたよ。ニシシ」

「卵泥棒」と名付けられ……

オヴィラプトルは、二足歩行をしていたスラリとした恐竜です。前足が長く、吻部《ふんぶ》には歯がなく、前後に寸詰まりのクチバシをもっていました。すべての肉食恐竜が属する獣脚類というグループに分類されます。

学名は「*Oviraptor*」とつづります。

ラテン語で「*Ovi*」は「卵」、「*raptor*」は「略奪者」のことで、「卵泥棒」という意味がこめられています。

なんとも物騒な名前です。なぜこのような学名がつけられたのでしょうか。

古生物に限らず、生物には「学名」と呼ばれる名前がついています。学名は、世界で通用する名前であり、アルファベットを用い、ラテン語でつづるという約束があります。また、その際に採用するラテン語は、その生物の特徴を表すものが望ましい、とされています。

この恐竜が泥棒呼ばわりされた理由は、その化石が発見された状況にあります。

1924年にモンゴルのバヤンザクから報告されたその化石は、植物食恐竜の巣のそばで発見されたのです。楕円形《だえんけい》の卵が並んでいる、そのすぐそばで。

生きている姿を観察できない古生物の研究では、状況証拠がとても重要です。

△それは、盗みではなく、子への愛だった——。

植物食恐竜の巣のそばに、肉食性とみられる獣脚類の化石がある。

↓

この獣脚類には歯がないから、肉を食べるには不向きだ。

↓

歯がなくても卵を食べることはできる。

こうした状況証拠と推理から、「この獣脚類は巣に並ぶ卵を盗みに来て、何らかの理由でその場で死んだ」と考えられるようになったのです。

1924年に、この獣脚類に「オヴィラプトル」の名前を与えた研究者は、そこまで推理を重ねていたわけではなく、あくまでも、その可能性をほのめかしているにすぎませんでした。しかし、「オヴィラプトル＝卵泥棒」のイメージは〝事実上の定説〟となっていきます。

卵泥棒は濡れ衣だった！

1991年、アメリカ自然史博物館のジェームズ・M・クラークさんたちが発表した論文によって、事態は変わります。

この論文で、円を描くように並んだたくさんの卵の化石と、その卵の上に覆いかぶさるように保存された1体の小型恐竜の化石が報告されました。

その小型恐竜は両腕を広げ、足はまるで正座するかのように折り畳んでいました。クラークさんたちは、この恐竜はオヴィラプトルの近縁種であり、そしてこの姿勢は鳥類が巣で卵を温める（抱卵する）姿勢とよく似ていると指摘しました。

のちにこの恐竜には「シチパチ（*Citipati*）」と名がつくことになります。

抱卵するシチパチの化石は、近縁種であるオヴィラプトルの〝嫌疑〟を晴らす、強力な証拠として扱われるようになります。

シチパチの巣にあった卵の形状と、オヴィラプトルのそばにあった卵はそっくりで、シチパチがその卵を守るようにしていたのであれば、オヴィラプトルも同じだと考えられるようになったのです。

つまり、「卵泥棒」と名付けられたオヴィラプトルは、植物食恐竜の卵を盗みに来たのではなく、自分の巣のそばで発見された親である可能性が出てきたのです。

こうした保存の良い化石の発見が、それまでの見方を変えることはめずらしくありません。

ただし、疑いが晴れようと、その名前がまったくちがうことを意味していようと、一度決められた学名が変更されることはめったにありません。

そのため、オヴィラプトルは現在でも「*Oviraptor*《卵泥棒》」という名前なのです。

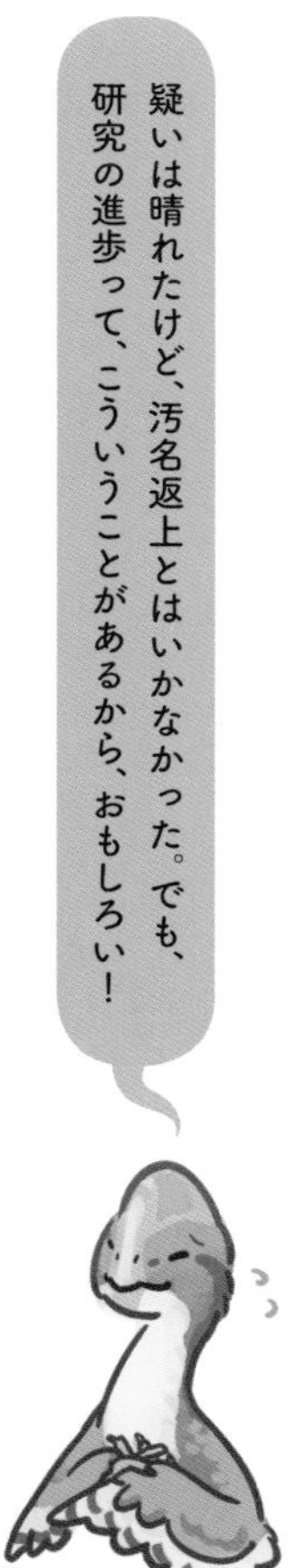
疑いは晴れたけど、汚名返上とはいかなかった。でも、
研究の進歩って、こういうことがあるから、おもしろい！

寐龍
スリーピングドラゴン
主演
メイ・ロン
美しく眠りしいにしえの龍
眠ったまま化石になったメイ・ロンのおはなし

眠れる竜

まるで眠っている鳥類のような姿の恐竜化石が発見されています。

中国北東部の遼寧省《りょうねい》でみつかった、「メイ（*Mei*）」です。

2004年、中国科学院の徐星《シューシン》さんと、アメリカ自然史博物館のマーク・A・ノレルさんが、遼寧省にある約1億3900万年前～約1億2800万年前（中生代白亜紀前期）の地層から発見されたメイの化石を報告しました。

それは、長い後ろ足と長い尾、大きな眼をもち、全長53センチメートルと、小型の二足歩行性の恐竜でした。


メイは、ほぼ全身の骨格が保存されていました。

32ページの絵のような、手足を畳み、尾を大きく曲げてからだに添わせ、首を後ろに曲げて、頭を背中の上に乗せるという睡眠中の鳥類のような姿勢でした。

実は「メイ（*Mei*）」という学名には、中国語で「眠る」という意味があります。メイは、正式な種名を「メイ・ロン（*Mei Long*）」といい、「ロン（*Long*）」には中国語で「竜」という意味があるため、合わせると「眠れる竜」となります。この化石の姿勢にもとづいて命名されたのです。

INTERVIEW

メイは、始祖鳥などとともに鳥類の恐竜起源説の証拠の一つとなった。始祖鳥いわく「私の場合は、ほぼ完全体でみつかって、羽毛のあともみつかったから、大きな決め手になりましたね」。

眠るように死んで、そのまま化石となる。それはどことなく理想的な死に見えるかもしれませんが、化石としては、かなり〝異常〟です。

寿命もしくは病気で眠るように死んだ動物がいたとして、それがそのまま化石になる確率は極めて低いと考えられているからです。

なにしろ自然界のお話です。「死にたての肉」がそこにあれば、肉食動物の良い獲物となります。遺骸は食べ散らかされ、踏み潰され、原形をとどめることも難しいかもしれません。

では、なぜ、メイは〝眠ったままの姿勢〟で化石になっていたのでしょうか？

死因は火山噴火だった!!

メイの化石が発見された「義県層」には、火山灰が大量に含まれていました。場所によっては、火山灰の厚さが3メートルに達したといいます。

火山灰があるということは、火山の噴火があったということ。

メイたちが生きていた時代、この地域ではかなり活発な火山活動があったようです。高温の火砕流が発生していたという研究もあります。

活発な火山活動がもたらすのは、火山灰や火砕流だけではありません。動物にとって有毒な火山ガスも発生します。どれも、短い時間で多くの動物を死に至らしめる可能性があります。

実は人類の歴史でも、火山活動が多くの人々を死に至らしめた、似たような事件があります。

眠ったまま化石になったメイ・ロン

▶おだやかに眠ったまま、苦しまずに亡くなったのだろう……。

それは、西暦79年8月24日にイタリアの古代ローマ都市「ポンペイ」近郊のベスビオ火山で起きた大噴火。

この大噴火によって発生した火山ガスが人々を瞬時に死に至らしめ、大量の火山灰が人々の上に積もり、火砕流が町を焼きました。

同じようなことが、当時の遼寧省に起きていたと考えられています。

ただし、メイの直接の死因まではまだわかっていません。火山灰が急速に降り積もったからなのか、火砕流に埋もれたからなのか、火山ガスによるものなのか。

一つ、確かなことは、苦しむ間もなく死んだということです。

ポンペイの場合、悶《もだ》え苦しむように死んだヒトや動物の遺骸（の痕跡）が確認されていますが、メイを見ると、そのようすはありません。

苦しむこともなく、瞬時に息絶えた。

よほど強力な有毒ガスでもあったのでしょうか。

彼もしくは彼女の最期に思いを馳《は》せたときに、「苦しまなかった」というのは、わずかな救いともいえるかもしれません。

死んだのち、メイはさほど時間をおかずに火山灰に覆われたのでしょう。その結果、他の肉食動物に死骸を漁《あさ》られることなく、化石になったのです。

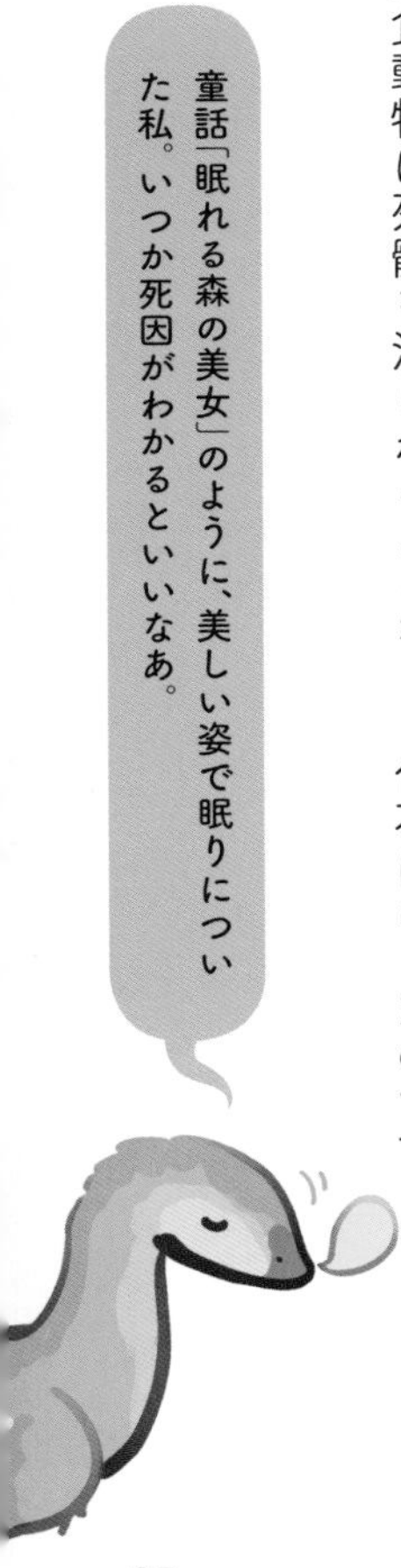
童話「眠れる森の美女」のように、美しい姿で眠りについた私。いつか死因がわかるといいなあ。

NOW SHOWING
白亜紀最大の「凶悪」ミステリー
敵か 味方か
主演 デイノニクス
RAPTOR
nazeka oni nakamano kagidumega hasamatteita……
共食い？ 共闘？ デイノニクスのおはなし

INTERVIEW

主演のデイノニクス氏。「スマートないでたちで、それまでののろまだと思われていた恐竜像を一新、スター恐竜でもあるのさ」

あの名作映画に登場⁉

「ラプトル」と呼ばれる小型の肉食恐竜が、仲間と連携をとりながら獲物を追いつめ、そして狩っていく……。

映画『ジュラシック・パーク』や『ジュラシック・ワールド』のシリーズで有名な手に汗握る場面です。

作中のラプトルたちは賢く、ときには人間顔負けの連携をみせます。

ラプトルにはモデルとなる恐竜がいます。

その名は、「デイノニクス（*Deinonychus*）」。実は共食い疑惑がある恐竜なのです。

デイノニクスは、アメリカの約1億1500万年前（中生代白亜紀前期）の地層から化石が発見されている全長3・3メートル、推定体重60キログラムほどの小型の肉食恐竜です。

スラリとしたからだつきで、後ろ足の第2指に大きなかぎ爪をもっていました。このかぎ爪を使って獲物を攻撃したり、押さえつけたりしていたようです。

からだの大きさの割には脳が大きいため、他の多くの恐竜たちよりも賢かったとも考えられています。

また、デイノニクスの化石は、自分よりも大きな植物食恐竜の化石とともにみつかりました。

そしてその場所には、少なくとも4頭分のデイノニクスの化石がありました。

こうした数々の証拠から、デイノニクスは群れをつくって連携しながら獲物を狩る、集団戦法の達人だったのではないか、とみられています。

『ジュラシック・パーク』などのラプトルが賢く、チームで獲物に攻撃をしていくシーンの〝元ネタ〟は、デイノニクス自身と、その化石が発見された状況にあったわけです。

もしかして共食い？

ただし、デイノニクスの集団戦法に疑問を投げかける研究もあります。

イェール大学（アメリカ）のブライアン・T・ローチさんとダニエル・L・ブリンクマンさんは、2007年に「デイノニクスの集団戦法説は考え直すべきだ」という論文を発表しています。

ローチさんとブリンクマンさんが注目したのは、あるデイノニクスの尾の骨です。

その尾の骨には、別のデイノニクスのかぎ爪が挟まっていました。

デイノニクスが群れをつくり、同じ獲物を狩っていたなら、これはとても不自然なことです。

彼らの獲物は植物食恐竜であり、仲間の尾にかぎ爪が挟まる理由にはならないからです。

この化石は、デイノニクスが別のデイノニクスを襲っていた可能性を示す証拠と考える方が自然ではないか。

共食い？　共闘？
デイノニクス

▶襲いかかるデイノニクス……。その獲物ははたして、仲間なのだろうか。

ローチさんとブリンクマンさんは、そう指摘しています。

それでは、白亜紀前期のアメリカで、いったい何があったのでしょうか？

1頭の植物食恐竜をデイノニクスが襲っていたこと自体は、どうやら確かのようです。しかし、集団で襲っていたかどうかはわかりません。

また、植物食恐竜を倒したあとに、デイノニクスどうしの争いが起きた可能性があります。

集団で植物食恐竜を襲ってから、獲物をめぐって仲間割れしたのか。

それとも、先に植物食恐竜を倒したデイノニクスをあとからやってきた別のデイノニクスが襲い、獲物を横取りしようとしたのか。

あるいは、デイノニクスははじめから別のデイノニクスを狙っていたのか？

そのドラマの詳細は謎に包まれています。

どうやら単純に「デイノニクスは集団戦法が得意だった」とはいえないようです。

ぼくらが共食いしていたかどうか、今のところは不明です。みなさんの想像におまかせしますね。ふふふ。

NOW SHOWING
白亜紀に生きた
悲劇の二匹の恋物語
Khaan
白亜紀の悲恋？寄り添う2体のカーンのおはなし

INTERVIEW

カーンの仲間、オヴィラプトル氏。「羽毛で卵を温めていたともいわれていますよ。ぼくのエピソードは26ページを見てみてくださいね」

隣り合わせで発見された恐竜の化石

「ああ、ロミオ様、ロミオ様！　なぜロミオ様でいらっしゃいますの、あなたは？」

このセリフは、ウィリアム・シェイクスピアの代表作の一つ、『ロミオとジュリエット』の有名な一場面です（新潮文庫刊行。中野好夫訳の同書より引用）。

『ロミオとジュリエット』は、モンタギュー家とキャピュレット家という2つの名家があり、たがいに相手を敵視しているという中世の世界で、モンタギュー家の一人息子であるロミオと、キャピュレット家の一人娘であるジュリエットが恋に落ちるという物語です。「恋愛悲劇」であり、2人が結ばれることはありません。

さて、なぜ、唐突にシェイクスピアを紹介したのかといえば、まさに「ロミオ」と「ジュリエット」の愛称をつけられた恐竜化石があるからです。

その恐竜の名前は「カーン（*Khaan*）」。

全長1・8メートルほどの小型恐竜で、28ページで紹介したオヴィラプトル（*Oviraptor*）やシチパチ（*Citipati*）の仲間です。

カーンの化石は、モンゴルに分布する中生代白亜紀後期（約1億年前～約6600万年前）の地層から発見されました。2匹のカーンが隣り合って発見され、「ロミオ」と「ジュリエット」の愛称がつけられたのです。

つまり、この2匹がそれぞれ「ロミオ（雄）」と「ジュリエット（雌）」であるというのです。

雌と雄のちがいがわかるのは、稀！

実際のところ、恐竜類に限らず、すべての古生物において雌と雄を判別することは、かなりの難題です。

その理由はまず、多くの動物で、雄の生殖器は化石に残りにくいものであるということ。

哺乳類には、ペニス（雄の生殖器）に「陰茎骨」という骨がある種も多くいますが、動物全体でいえば、それは少数派です。

一方、体内に卵もしくは胎児がいれば、その個体は雌であるとわかります。

しかし、陰茎骨のない雄の化石と、卵や胎児のない雌の化石は、見分けることがとても難しい。例外として、出産を終えた雌は、骨の内部に特別な構造が確認できる例があることも知られていますが、これも出産経験のない雌は、雄と区別することがなかなかできません。

では、なぜ、2匹のカーンは「ロミオ（雄）」と「ジュリエット（雌）」の愛称がつけられているのでしょうか？

2015年、アルバータ大学（カナダ）のW・スコット・パーソンスさんたちは、2匹の尾の付け根の骨の形と長さが異なることに注目しました。一方の付け根の骨は、もう一方の個体

◀羽毛を広げ、ジュリエットに求愛していたのかもしれない……。

の付け根の骨よりも長く、そしてその先端が少しふくらんでいたのです。

パーソンスさんはこの特徴のある個体が「雄（ロミオ）」である可能性が高いとしています。この骨が、もしも「筋肉の付着部位」であるのなら、この骨をもつ個体には筋肉の発達した尾があったとみられるためです。

一部の現生鳥類の雄は、尾の羽を使って雌にアピールすることが知られています。そのため、そうした鳥類では、雄の方が雌よりも尾の筋肉が発達しているのです。

同じように、カーンにおいても、尾の筋肉が発達している方が雄ではないかと、パーソンスさんたちは考えたのです。

もっとも、この骨が雌雄差ではない可能性もあります。個体差かもしれませんし、別の理由があるのかもしれません。

でも、雄と雌がまるで抱き合うような近距離で化石になっていたのだとしたら、確かに恋と悲劇を感じさせます。

「ロミオ」と「ジュリエット」という愛称がぴったりですね。

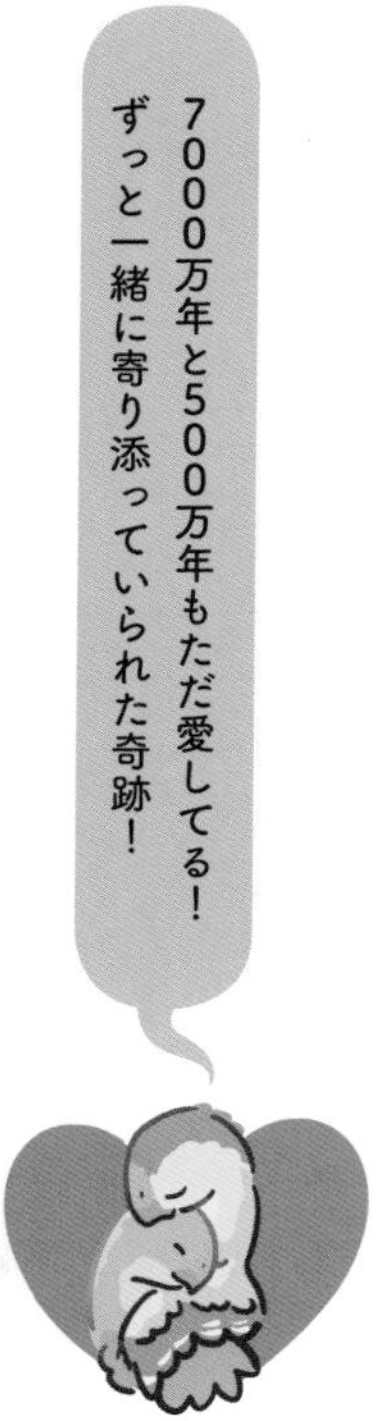
7000万年と500万年もただ愛してる！
ずっと一緒に寄り添っていられた奇跡！

NOW SHOWING
主演
アロサウルス
ALLO
the
-アロオブザデッド-
ミイラ取りがミイラに。アロサウルスのおはなし

INTERVIEW

ジュラ紀といえば、このお二方。ステゴサウルスとアロサウルス。「ぼくとステゴサウルスは当時、戦っていたと考えられているんです」とアロサウルス氏。

トッププレデターがたくさん？

中生代ジュラ紀（約2億1000万年前〜約1億4500万年前）の王者級の恐竜として、全長8・5メートルの「アロサウルス（*Allosaurus*）」を挙げることができます。

アロサウルスは、比較的スリムな体つきで、腕は長く、歯はナイフのように鋭く、獲物の肉を切り裂いて食べていたとみられています。

アメリカのクリーブランド・ロイド発掘地では、そんなアロサウルスの化石ばかりがみつかります。

なぜ、王者級の化石ばかりが見つかるのでしょうか？

ある地域に暮らす生物全体の関係をとらえたものを「生態系」といいます。生態系には、「生態ピラミッド」と呼ばれる生物たちの食う・食われるの関係があります。

〝弱者〟ほど個体数が多く、〝強者〟ほど個体数が少ないという関係を表したものです。

もしも〝強者〟の方が、〝弱者〟よりも数が多かったとしたら、〝強者〟が〝弱者〟を食べ尽くしてしまい、やがて〝強者〟も滅ぶことになります。

ですから、生態ピラミッドの〝常識〟から考えると、アロサウルスのような王者は、個体数が少ないはずです。

▶ごちそうのにおい……。
それはあの世へといざなう、
甘い罠《わな》だった……。

しかし、クリーブランド・ロイド発掘地のアロサウルスの化石には、この〝常識〟が通じません。発見されている恐竜化石の、その7割がアロサウルスのものだというのです。他種に比べて、圧倒的にアロサウルスの化石が多いことになります。

こんなに王者ばかりだと、生態ピラミッドが成り立たず、生態系が崩壊してしまいます。とても不自然です。

自然の罠にハマったのか

クリーブランド・ロイド発掘地のアロサウルスの化石は、関節がバラバラにはずれ、地層の中に散らばっていました。

こうしたバラバラの状態で化石が発見される場合、どこか別の場所で死んだものが、洪水などで1か所に集められたということが、まず疑われます。

しかし、クリーブランド・ロイド発掘地の化石には、洪水などで運ばれる途中でついた傷が確認できませんでした。

イェール大学（アメリカ）のトーマス・ホルツさんは、著書『ホルツ博士の最新恐竜事典』の中で、〝自然の罠《わな》説〟を紹介しています。

もともとこの地には沼があり、おそらく最初に植物食恐竜などが沼地に迷い込み、足をとられて動かなくなり、そこで死ぬ。

そして、その死体が腐るときの臭いなどに引き寄せられて、今度はアロサウルスがやってきたというもの。

そしてそのアロサウルスも沼に足をとられて死亡。そのアロサウルスの死骸に引き寄せられ、別のアロサウルスがやってきて、そして同じように死亡。

あとはこの繰り返し。

まさにミイラ取りがミイラになったということになります。

一方、西コロラド博物館（当時）のジョン・フォスターさんは、2007年に刊行した著書『JURASSIC WEST』の中で、別の仮説を紹介しています。

それは、当時、この地域はとても乾燥していて、クリーブランド・ロイドには小さな水飲み場があったという説です。

アロサウルスたちはここにやってきて水を飲んだものの、力尽きて死んでいったとしています。

アロサウルスばかりが多いのは、他の多くの植物食恐竜はアロサウルスが怖くて近寄れなかったからではないか、としています。

鋭い嗅覚がアダになって、仲間がいっぱい死んでしまった……。いいにおいには注意しよう！

NOW SHOWING
主演グアンロン
まさかそこに
穴があるなんて——
PIT
涙なしには見られない
OTOSHIANANI HAMATTA
KAWAISOUNA
KYORYU.ZITSUHA ANO
KYOURYUUNO SOSEN DATTA?
大型恐竜の足跡に沈んだグアンロンのおはなし

死の穴に眠りし覇者の祖先

中国の新疆《しんきょう》ウイグル自治区で、「死の穴」と呼ばれるなんとも不気味な〝穴の痕跡〟がいくつか発見されています。

それは長径2メートル、深さも2メートルに達するもの。約1億6400万年前〜約1億5900万年前（中生代ジュラ紀中期と後期のさかい目あたり）につくられたものです。

この穴には、火山灰を含んだ砂と泥が詰まっていました。そして、その砂と泥の中に恐竜やワニ、カメ、哺乳類などの化石が折り重なっていたのです。

この物語の主人公、「グアンロン（*Guanlong*）」も含まれていました。

2010年にこの「死の穴」を報告したロイヤルティレル古生物学博物館（カナダ）のディビッド・エバースさんたちは、この穴を大型恐竜の足跡だと分析しています。

その大型の恐竜とは、「マメンチサウルス（*Mamenchisaurus*）」という植物食恐竜です。小さな頭と長い首、巨大な樽《たる》のような胴体に柱のような4本の足、長い尾をもつ恐竜で、この「死の穴」を残した個体の全長は25メートル、体重は20トンに達したとみられています。

そんな大きな恐竜ですから、足跡も大きなものとなります。まして、地面が硬くはなく、〝ぬかるみやすい場所〟であれば、足が沈みこみます。そのため、残された足跡は深さのある穴に

主演のグアンロン氏。「こう見えて、あのティラノサウルスさんの仲間なんですよ」

なったのでしょう。

それこそが「死の穴」だというのです。

つまり、「死の穴」の中から発見された恐竜たちは、マメンチサウルスのような大型恐竜の足跡に〝ハマっていた〟ことになります。

さて、死の穴からみつかったグアンロン。板状の骨のトサカがトレードマークの、最大で全長3・5メートルほどの小型の肉食恐竜です。

この恐竜は、所属するグループに大きな意味があります。

そのグループの名前は、「ティラノサウルス類」。そうです。かの有名な肉食恐竜、「ティラノサウルス（*Tyrannosaurus*）」を含むグループなのです。

ティラノサウルスは、全長13メートル、体重9トンに達するという大型の肉食恐竜です。グアンロンのいた時代から8000万年以上のちの北アメリカ西部に出現し、その生態系に君臨していました。

そんな〝覇者クラス〟の恐竜も、その祖先をたどれば、からだの小さな恐竜だったのです。それこそ、マメンチサウルスの足跡にハマってしまうような、そんなサイズでした。

それはただの穴じゃなかった……

2メートルという深さは確かに浅くはありませんが、壁に足をかけてよじのぼれば、脱出で

大型恐竜の足跡に沈んだグアンロン

!?
ズボッ
▼その１歩が命取りに……。

きそうな気もします。なぜ、脱出せず、穴の中で死を迎えたのでしょう？

実は、この足跡がつくられた当初から、その中は空洞ではなく、火山灰を含んだやわらかい砂と泥で満たされていたと考えられています。

砂と泥で満たされた穴は、もしかすると、遠目には穴に見えなかったかもしれません。少し湿った砂と泥があるように見えただけかもしれません。

グアンロンたちは何らかの理由で、その穴にハマってしまったのです。

穴の深さを見誤ったのかもしれませんし、足を滑らせたのかもしれません。そもそも穴の存在に気づかなかったのかもしれません。ひょっとしたら、先にハマっていた動物が、肉食恐竜であるグアンロンにとって〝ごちそう〟に見えて、思わず踏みこんでしまったのかもしれません。

しかし、踏み込んだら最後。ずぶずぶと沈みこんでいったと考えられています。

何らかの理由で、１歩踏み入れてしまった。その１歩だけならば、危険を感じなかった。そこで、もう１歩進んだらからだが沈みはじめた。もがけばもがくほどにからだがやわらかい砂と泥に沈んでいく……。

死の穴の化石は、彼らのそんな最期を物語っているのかもしれません。

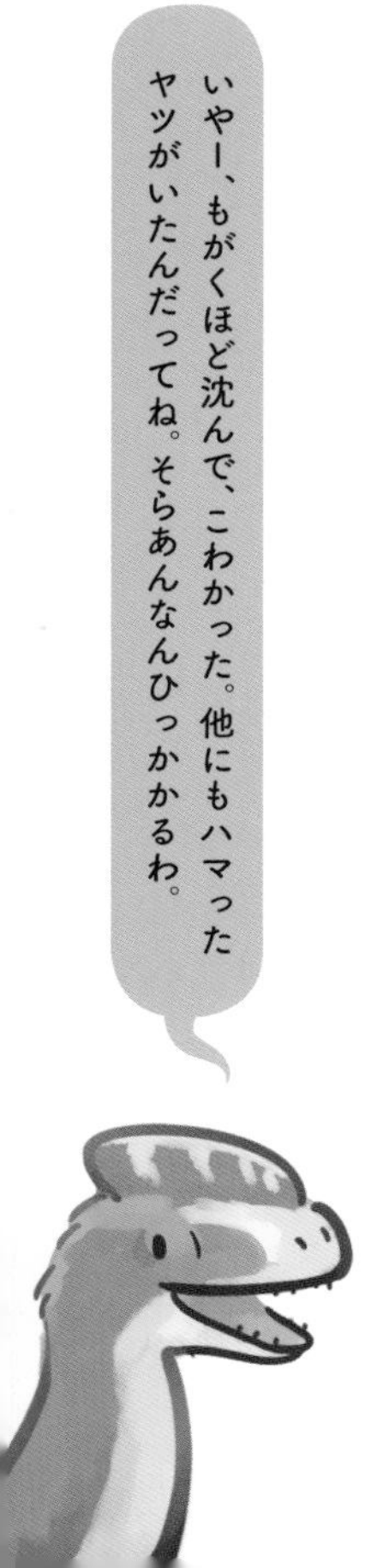
いやー、もがくほど沈んで、こわかった。他にもハマったヤツがいたんだってね。そらあんなんひっかかるわ。

暴君のグルメ

主演
ティラノサウルス

◀顔のまわりに広がるフリルが特徴的なトリケラトプス氏。「ぼくは植物食恐竜の代表といっても過言ではないほどの有名恐竜さ。顔には３本もつのがあったよ」

なぜそこにばかり噛み痕が……？

美味しいものを食べたい。それは、ティラノサウルスも同じだったようです。

2012年、ロッキー山脈博物館（アメリカ）のデンバー・W・フォウラーさんは、ある仮説を国際学会で発表しました。

モンタナ州にある中生代白亜紀末期（約7000万年前〜約6600万年前）の地層で発見されたトリケラトプスに〝ある傷〟が多いことに気がついたのです。

その傷は、肉食恐竜「ティラノサウルス（*Tyrannosaurus*）」の歯形とみられています。白亜紀末期の北アメリカ大陸に君臨したティラノサウルスが、トリケラトプスを襲っていた証拠といえるものです。

しかし、傷のついていた場所が謎を呼びました。

なぜか、フリルと後頭部に多かったのです。

フリルの大部分は、骨と、ケラチンという物質でできています。肉も内臓もなく、とても食べて美味しいとは思えません。

さらに、後頭部はフリルの陰になっているため、食べづらい場所でもあります。

なぜ、そんな場所に傷が多いのでしょうか？

ティラノサウルスだっておいしいものが食べたい!!

動物の肉は、同じ動物であっても、部位によって硬さも味も異なります。たとえば、牛の「サーロイン」。背中の腰の前あたりの部位で、やわらかい肉質です。「ヒレ」は、サーロインの内側にある肉でやわらかいながらも脂肪が少ないのが特徴。他にも、赤身で硬めの肉質の「カルビ」は、前足の付け根の肋骨《ろっこつ》周辺の肉、「バラ」は肋骨についた肉、「タン」は舌、などといった具合です。

私たちが、好みに応じた部位を調理して食べるように、ティラノサウルスも、仕留めた獲物の部位を選《え》り好みしていたのではないか。フォウラーさんはそう考えました。

ポイントは、フリルや後頭部の傷が「治っていない」ということでした。

動物が負った傷は、生きている限りは治ります。しかし、死んでしまうと治りません。そのため、動物化石に残された傷が治っているかどうかは、傷を負ったときにその動物が生きていたのかどうかを知る手がかりになります。

骨に「治った傷のあと（治癒痕《ちゆこん》）」があるということは、生きている間に襲われたものの、逃げ出すことができて、少なくとも一定期間は生き延びていたことを意味します。

モンタナ州でみつかったトリケラトプスはどうだったのでしょう?

フォウラーさんによると、頭部、とくにフリルや後頭部の傷に治癒痕はみられなかったとい

▶おいしいものを食べるためには労も厭わない、ティラノサウルス氏。

います。つまり、それらの傷は、トリケラトプスが死んだあとにつけられたと考えることができるのです。

このことから、ティラノサウルスは後頭部の肉……より正確にいえば、「ネック」と呼ばれる、硬さがあって味の濃厚な首の背側の肉を好んで食べていた可能性が指摘されました。

フォウラーさんが考えたシナリオは次の通りです。

ティラノサウルスはまず、仕留めたトリケラトプスのフリルに噛《か》み付く。

次に、力一杯フリルを引き上げる。これによって首の筋肉が露《あら》わになる。

そして、顔先にまわって、鼻先を引っ張る。すると、頭部が胴体から離れる。

こうして、食べやすくなった首の筋肉を美味しくいただく。

もちろん、あくまでも治癒痕の有無から推理したもので、それ以上の証拠はありません。しかし、こうして推理をすることも、古生物たちの素顔に迫る重要な手法なのです。

暴君トカゲとして有名なわたくし。
こう見えて、食にも繊細なこだわりがあるのですよ。

column 1

集団でみつかった、コエロフィシスたち

本編で紹介した以外にも、さまざまな恐竜化石が、独特の状況で発見されています。

アメリカの中生代三畳紀の地層から化石が発見されている、成体で全長３メートルほどの小型の肉食恐竜「コエロフィシス（*Coelophysis*）」もその一つ。

コエロフィシスは、狭い区画から、成体から幼体まで数百体分もの大量の化石が発見されたことで知られています。

世代のちがう動物の化石がたくさん発見されると、まるで生存時には群れをつくっていて、何らかの理由でその群れが化石となったというドラマを考えがちです。

しかし、必ずしもそうしたドラマが成立するとは限りません。

たとえば、どこか川の上流でコエロフィシスがバラバラに暮らしていて、上流が氾濫したときにそうしたコエロフィシスを巻き込んで運んできます。

そして、毎度、同じ場所にそのコエロフィシスの遺骸が積もっていけば、コエロフィシスの〝集団化石〟ができあがります。

コエロフィシスの集団化石に関しては、大規模な群れをつくっていた証拠とみる説もあれば、偶然そこに集まっただけという説もあり、実際のところはよくわかっていません。

第2章
陸の古生物のドラマチック

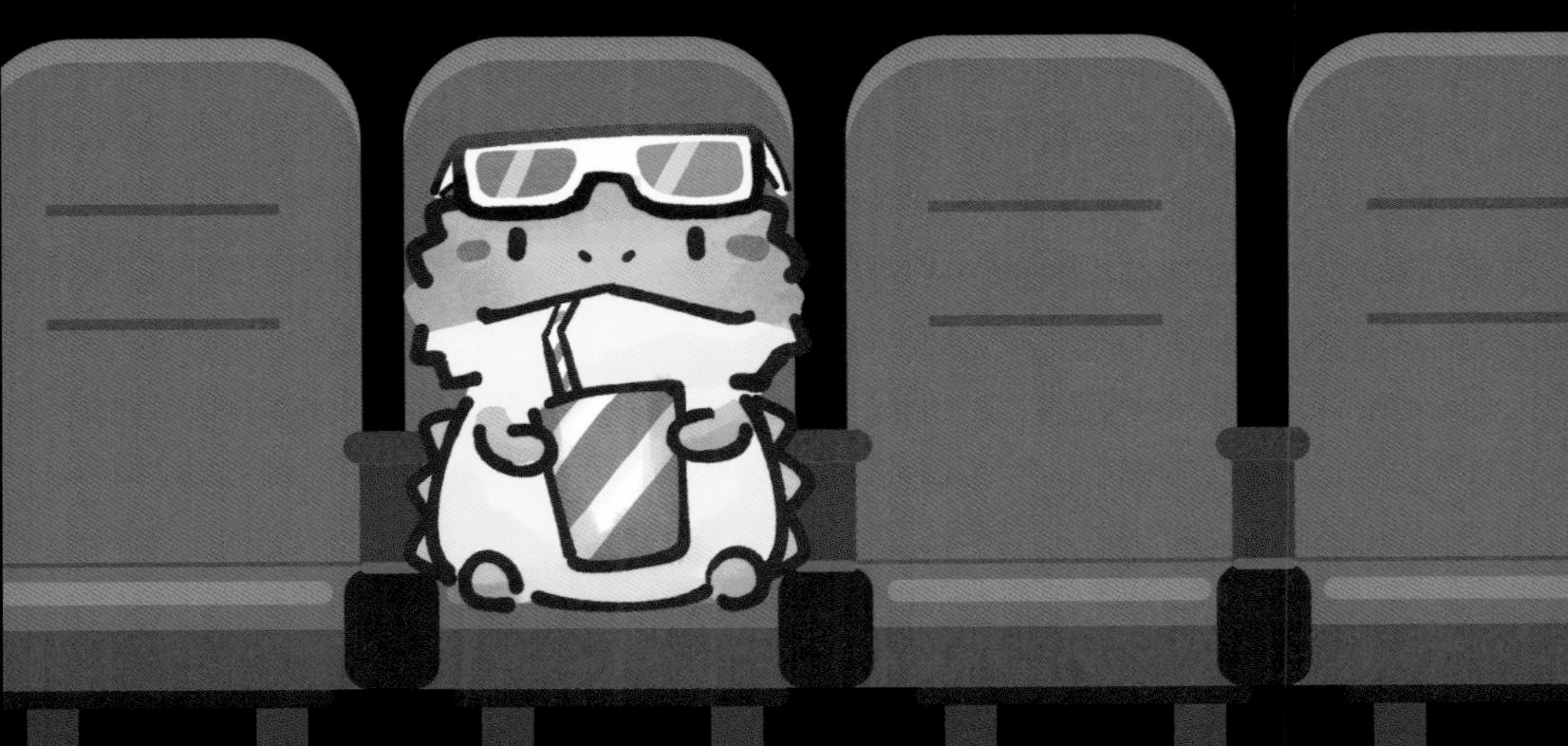

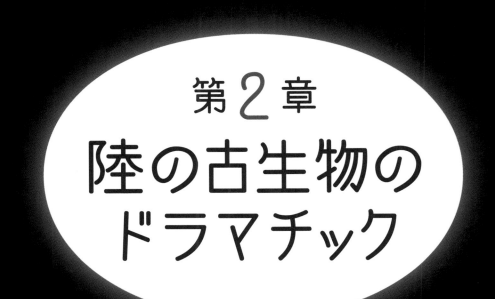

NOW SHOWING
主演
アクイロニファー
彼女は10体の生命体に繋がれていた――
Parasite
究極の家族のカタチ
10体の生物とつながっていたアクイロニファーのおはなし

思わずぞっとする、その姿

イギリスのヘレフォードシャーにある約4億2500万年前（古生代シルル紀）の地層から〝ちょっとホラーな化石〟が、発見されています。

その化石は、からだの長さが1センチメートルほどの節足動物のもので、名前を「アクイロニファー（*Aquilonifer*）」といいます。

からだのあちこちから細い糸のようなものがのび、その糸の先に1〜1・5ミリメートルほどの小さな節足動物がつながっていました。それも1個体だけではなく、合計10個体も。

この小さな動物は、いったい何者でしょう？

アクイロニファーは、たくさんの節で分かれた細長い胴体をもっていました。頭部の先端には数センチメートルもの長さの〝触手〟が2本のびていました。からだの下にはたくさんの足があり、そして尾部の先端から数センチメートルの長さの1本の細いトゲがのびています。

アクイロニファーはなぜ、小さな節足動物とつながっていたのでしょうか？

まず、考えられるのは、このアクイロニファーが「寄生」されていた可能性です。小さな節足動物は糸を通じてアクイロニファーの栄養を抜き出していたのではないか、というわけです。

想像してみてください。自分のからだの10分の1ほどの動物からのびる細い糸が自分の肌に

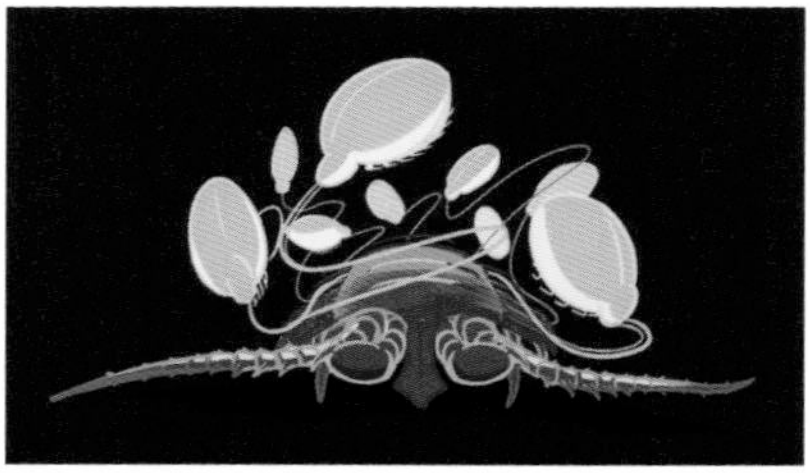

◀10体もの生物に寄生され、養分を横取りされていたのだろうか……？

突き刺さり、そこから栄養が抜き取られているという状況を。しかも、相手は1体ではなく、10体もいるのです。ちょっとぞっとする光景ではないでしょうか？

寄生？　いいえ、子連れ散歩です

2016年にアクイロニファーの化石を報告した、イェール大学（アメリカ）のデレック・E・G・ブリッグスさんたちは、この〝寄生説〟を否定しています。

アクイロニファーには、2本の長い〝触手〟があります。この触手を使えば、細い糸を簡単に切ることができたはず。それをしていないということは、一方的に寄生されるだけの関係ではなかったのではないか、と考えました。

先ほど「想像してみてください」と書きました。確かに、そんな状況であれば、多くの人が一も二もなく、その糸を切断することでしょう。

では、この糸と、その先にいる小さな節足動物は何なのか？

ブリッグスさんたちは、小さな節足動物がアクイロニファー自身の幼体（子ども）である可能性に触れています。

つまり、親と子が小さな糸でつながることで、親は子の位置がはっきりとわかり、守ることができる。この化石は、そんな育児のようすが保存されたものではないか、というわけです。

こうした細い糸が残っている化石は極めて稀《まれ》です。

10 体の生物とつながっていたアクイロニファー

わーい

▶実は子連れ散歩中だった。

細い糸は多くの場合でやわらかく、化石になりにくく、そして仮に硬くつくられていたとしても、壊れやすいからです。

アクイロニファーの糸が化石として残っていたのは、化石がみつかったヘレフォードシャーの特殊な環境が関係しています。

ヘレフォードシャーには火山灰の地層がたまっており、その地層の中にある岩の塊から、さまざまな化石が発見されています。

アクイロニファーの化石もそうした岩の中にありました。

実は、この岩の塊の中からは、アクイロニファー本体はみつかっていません。しかし、型をとるように、そのからだの痕跡がしっかりと残っていました。

この痕跡をコンピューターで解析することで、アクイロニファーとそのまわりにいた小さな節足動物、そして、その両者をつなぐ小さな糸までも復元することができたのです。

約4億2500万年前、ヘレフォードシャーで〝子連れ散歩〟をしていたアクイロニファーは、突如として積もった大量の火山灰に埋もれました。

その結果、細い糸の痕跡までも残されることになったのでした。

火山灰に埋もれて、熱くて苦しかった……。でも、運良く当時の姿のままで残ったよ。

NOW SHOWING
木の中にたったひとり。
主演
ヒロノムス
ヒロノムスのいるところ
意外な場所で眠っていたヒロノムスのおはなし

意外な場所で眠っていたヒロノムス

INTERVIEW

トカゲそっくりのヒロノムス氏。「いや〜、敵があんまりいないから、快適だったよ〜」

なぜ、そこにいるの？

カナダにある古生代石炭紀（約3億5900万年前〜約2億9900万年前）の地層から、「ヒロノムス（*Hylonomus*）」と名付けられたトカゲに似た姿の動物化石がみつかっています。ヒロノムスは全長30センチメートルほどの陸上動物で、その見た目は現生のトカゲそっくり。細長くて高さのある頭部をもち、口には小さな歯が並んでいました。そして、がっしりとした四肢をもち、長い尾もありました。

ヒロノムスは、最も初期に内陸部に棲《す》みはじめた動物としても知られています。小さなからだでしたが、当時は天敵らしい天敵はおらず、陸上世界を十分堪能し、昆虫などを食べて暮らしていたと考えられています。

多くの陸上脊椎動物の化石は、野ざらしの環境で死んだものか、洪水などでどこかに流されたものです。

しかし、ヒロノムスの化石は、なぜか巨木の中にありました。

ヒロノムスが生きていた石炭紀という時代は、巨大なシダ植物の大森林があったことで知られています。

そもそも「石炭紀」という名前自体、その大森林が化石となり、石炭となって、人類文明に役立ったことにちなむものです。

現生のシダ植物は、日陰などにひっそりと生えているものが多いイメージがありますが、石炭紀のシダ植物はまったくちがうものでした。

高さ10メートル以上は当たり前、30メートル、40メートルといったものもあり、幹の直径も2メートルに達していました。

ヒロノムスの化石が発見されたのは、そんな巨大なシダ植物の「内部」でした。

なぜ、ヒロノムスは巨木の中にいたのでしょうか?

樹木の中は、本来、みっちりと木の組織がうまっているものです。

それはシダ植物であっても同じです。

30センチメートルという小柄とはいえ、ヒロノムスが入ることができるような空洞はないはずです。

罠か巣穴か

ここからは、ルトガース大学(アメリカ)のジョージ・R・マクグフィー・ジュニアさんの著書『WHEN THE INVASION OF LAND FAILED』を参考に進めましょう。

ヒロノムスが巨木の中にいた理由について2つの仮説が紹介されています。

一つは、「腐って倒れた樹木の中に、誤って落ちてしまったのではないか」というものです。

意外な場所で眠っていたヒロノムス

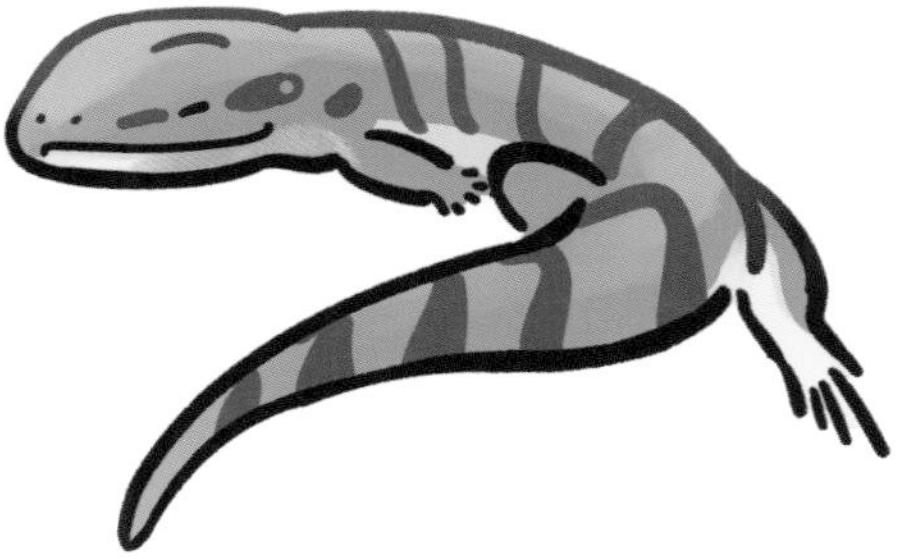

▶巣穴の中にいて、寿命でぽっくり？

わー

▲空洞になっていた木の幹に落ちた？

ヒロノムスの入っていたシダ植物は、外側よりも内側の方が腐りやすかった可能性が指摘されています。

もしも何らかの理由でこの樹木の幹が倒れ、根の付近だけが残されて、その内側が先に腐っていたとしたら……巨木の中にぽっかりと穴が開いていたのかもしれません。

ヒロノムスは、うっかりこの穴に落ちてしまい、そして抜け出せずにそこで死んでしまった。

そう考えられています。

もう一つの可能性として、この空洞を住処《すみか》にしていたという考えを紹介しています。

この場合、シダ植物は腐りかけていて、一部に空洞がありました。

ヒロノムスは自発的にその中に入り、そこで暮らし、もちろん、必要に応じて、空洞から出ることもできたはず。

そして最終的には、その住処で死を迎え、化石になったということになります。

最初の仮説では、ヒロノムスの死因は「事故死」に近いもの。

でも、2つ目の仮説では「寿命によるもの」かもしれませんし、「病気」だったのかもしれません。

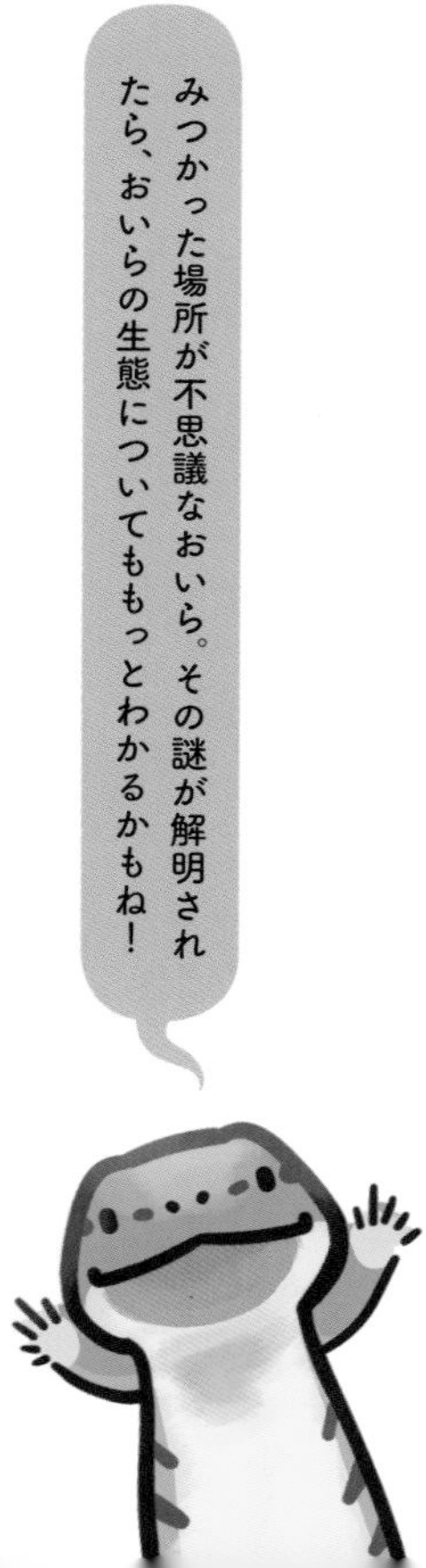
みつかった場所が不思議なおいら。その謎が解明されたら、おいらの生態についてももっとわかるかもね！

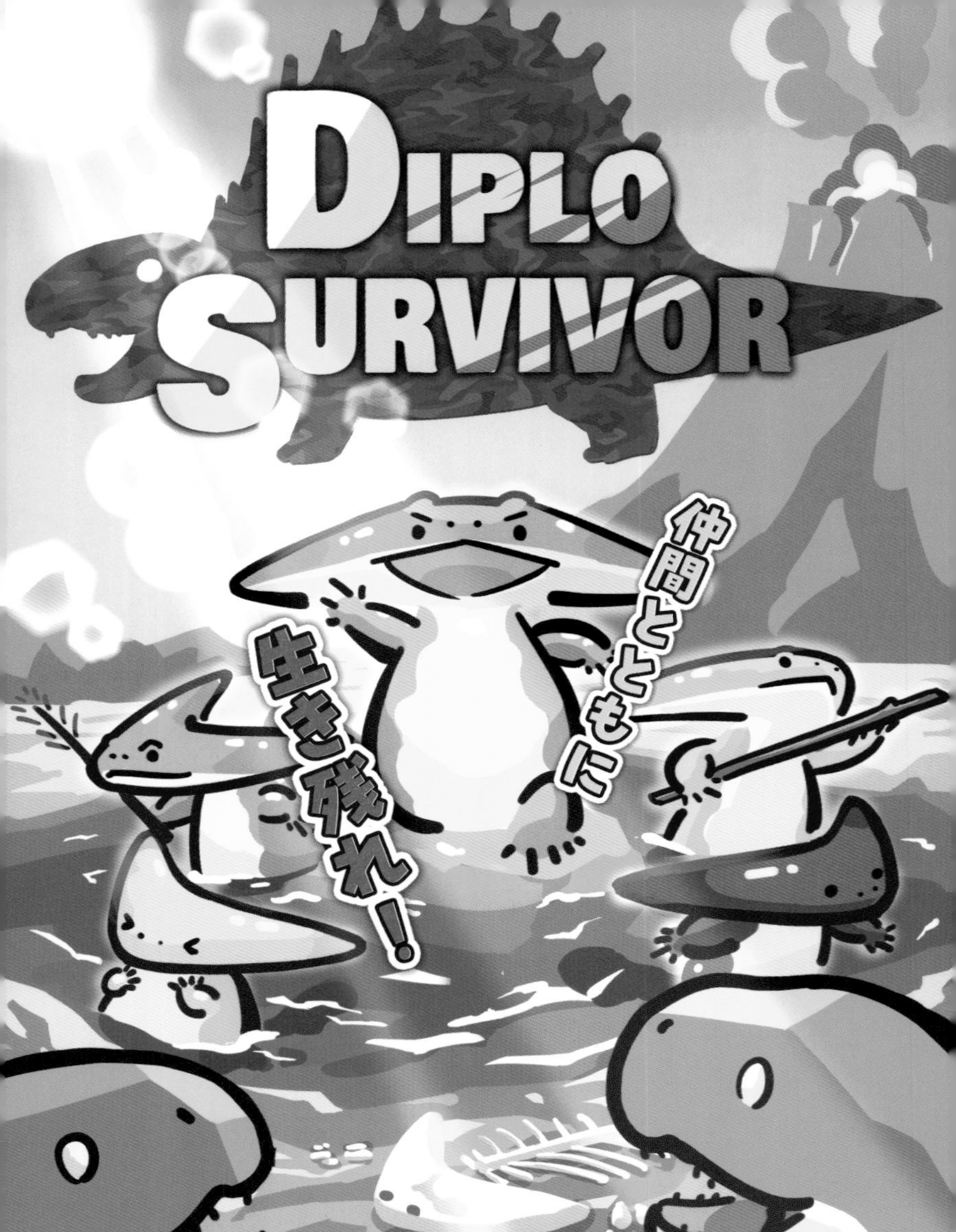
DIPLO SURVIVOR
仲間とともに
生き残れ！
主演 ディプロカウルス

◀友情出演する両生類のみなさん。右からアシナシイモリ氏、アカハライモリ氏、カエル氏。

身を寄せ合って化石になっていた

「ディプロカウルス（*Diplocaulus*）」という両生類の化石が、アメリカやモロッコにある古生代石炭紀（約3億5900万年前〜約2億9900万年前）とペルム紀（約2億9900万年前〜約2億5200万年前）にできた地層からみつかっています。彼らが8体も重なった〝不思議な化石〟が発見されているのです。

なぜそんなことになったのでしょうか。

さて、「両生類」と聞くと、あなたはどんな動物を思い浮かべるでしょうか？　カエル？　それとも、サンショウウオやイモリ？　あるいは、アシナシイモリでしょうか？

実は、こうした現生の両生類たちは、「平滑両生類」と呼ばれるグループに属しています。現在の地球に生きている両生類は平滑両生類だけです。

しかし、かつての地球には、平滑両生類以外の両生類も存在し、とくに古生代の石炭紀とペルム紀において繁栄していました。ディプロカウルスはそういった絶滅両生類の一つです。

ディプロカウルスの大きさは、全長1メートルほど。ブーメランのような形の平たい頭部がトレードマーク。口はその頭部の先端に小さくあるだけで、眼はその口のそばにありました。

胴部はあまり厚みがなく、そして長い尾をもっていました。手足はとても短く、陸上を歩くことはできなかったとみられています。現在の両生類と同じで、河川や湖、あるいは、さほど深くない海に生息していたようです。

テキサス州でみつかったディプロカウルスの化石は、ほぼ完全体といえる状態で、8体がまとまっていました。

そこは粘土質で、8個体のうちの7個体が、たがいにからだを重ねており、そして口をわずかに持ち上げていました。また、3個体には、肉食動物につけられたものとみられる歯形がありました。

そこは、しだいに干上がっていった……

ヒューストン自然科学博物館（アメリカ）のゾエフィールド・K・ウェイドナーさんたちは、2013年に開催されたアメリカの地質学会で、この化石のディプロカウルスたちは、追いつめられ、そして襲われていたのではないか、と発表しています。

ゾエフィールドさんたちは、まずこの歯形が「ディメトロドン（*Dimetrodon*）」という陸上の肉食動物につけられたものである、と特定しました。

ディメトロドンは、ディプロカウルスの倍ほどの全長をもつ動物で、単弓類というグループに属しています。背中に大きな帆があり、がっしりしたあごに鋭い歯が並んでいました。

一見すると、肉食動物のディメトロドンがディプロカウルスを襲っていたという物語は、ご

逃げ場を失ったディプロカウルス

▲自らの運命をさとりながら、泥の穴にもぐりつづけるシーン。思わず涙してしまう。

く自然に思えます。しかし、ディメトロドンは陸上種です。なぜ、水中で暮らすディプロカウルスに襲いかかることができたのでしょうか？

ゾエフィールドさんたちは、粘土質の岩石に注目し、ディプロカウルスたちがこの場所に来たときは、まだそこは水の中だったのではないか、と考えました。

ディプロカウルスたちはおそらく、からだを粘土質のやわらかい水底に半ば埋め、口先を少し持ち上げて水中に出して呼吸していたとみられるそうです。

しかし、その場所はしだいに乾燥し、干上がっていきました。

ディプロカウルスは、水がなければ動くことはできません。

そこにディメトロドンがやってきて、ディプロカウルスをつかんで引き出そうとして……失敗したのではないか。ゾエフィールドさんたちは、そう考えました。もしも成功していたら、食べられてしまい、化石が残る可能性は極めて低くなるからです。

ディプロカウルスはディメトロドンの襲撃にはたえたものの、結局はその場から逃げ出すことができず、干上がって死んでしまったのではないか、とみられています。

たえていれば、いつか水がもどってくると思っていた。
あのころのぼくらは、信じて疑わなかったんだ……。

NOW SHOWING
うんちのかせき
このまあるい石、なあに？
ぜぇ～んぶ、うんちなんだって!!
主演 コプロライト
みんなで使ったトイレのあとのおはなし

◀うんちが化石になった、コプロライト。気になるのはそのにおいだが……。博物館によっては、コプロライトに触ることができるところもある。たしかめてみて！

うんちだって化石になる⁉

一般的な話として、骨や殻などの硬いものは化石に残りやすく、筋肉や内臓などのやわらかいものは化石に残りにくいとみられています。

動物のうんちには、骨や殻などのような硬さはありません。むしろ、やわらかいものの代表のようにも見えます。しかし、うんちも化石に残るのです。

なぜ、やわらかいうんちが化石になるのか。これは、確率のお話になります。

骨や殻、筋肉や内臓などは、1個体には1個体分しかありません。数は限られています。

一方、動物1個体が生涯に排泄《はいせつ》するうんちの数はとても膨大です。数えることさえできないでしょう。

どんなに確率が低くても、数が多ければ、結果として化石が残ることも増えてきます。こうして化石となった糞《ふん》のことを「コプロライト（*Coprolite*）」と呼びます。

コプロライトは世界中の地層から発見されています。さまざまな時代の、さまざまな古生物のコプロライトがあります。そうしたコプロライトを研究することで、コプロライトを残した動物がどのように生きていたのかを推理することができます。

2013年、アルゼンチン国立科学技術研究会議のルーカス・E・フィオレッリさんたちは、

▶老いも若きも、同じところで排泄。そこはみんなのトイレだった。

アルゼンチンのタランパヤ国立公園にある約2億3500万年前（中生代三畳紀中期と後期の境界付近）の地層から、大量のコプロライトを報告しています。

みんなで同じ場所にうんちを

タランパヤ国立公園にあったコプロライトは、400~900平方メートルの範囲に点在していました。多い場所では、1平方メートルあたり94個ものコプロライトが発見されています。平均すると、1平方メートルあたり66・6個。フィオレッリさんたちの計算によると、この地域全体では、3万個を超えるコプロライトがあるはず、とのことです。

大量のコプロライトは、形も色も大きさもさまざまでした。形は球形に近いものや、楕円体《だえんたい》に近いもの、凹凸のあるものなど。色は灰色や、やや黄土色に近いもの、暗い灰色に近いものなど。

長径0・5ミリメートルとヒトの指先に乗るサイズもあれば、長径35センチメートルとバスケットボールを大きく上回るようなサイズのものもありました。

うんちがコプロライトになる際には水分がぬけて縮まっているはず。ですから、たとえば、35センチメートルのコプロライトは、もともとはかなり大きなうんちだったと予想できます。

これだけコプロライトの大きさに差があるということは、うんちをした動物の大きさにも差があると考えることが自然でしょう。

フィオレッリさんたちは、コプロライトを残した動物は、幼体（子ども）から成体（大人）まで、さまざまな世代がいたのではないか、と指摘しています。

また、これらのコプロライトの中には、木片や、葉の欠片《かけら》、そしてシダ植物の胞子のようなものも含まれることがわかりました。これらのことから、コプロライトを残した動物は植物食性だったと推理することができます。

同じ地層からは、ディキノドン類と呼ばれる植物食動物の化石がたくさん発見されています。その中には、頭胴長数メートル級の大型種もいました。フィオレッリさんは、コプロライトの〝主〟は、こうした大型のディキノドン類ではないか、とも指摘しました。

ディキノドン類というグループは、単弓類という、より大きなグループに属しています。単弓類は、私たち哺乳類も属するグループです。

ディキノドン類は哺乳類の、いわば、親戚筋にあたります。

哺乳類の親戚が、今から約2億3500万年前にすでに、さまざまな世代が同じ場所にうんちをするという社会性をもっていた可能性がある。大量のコプロライトは、そんなことを物語っているのです。

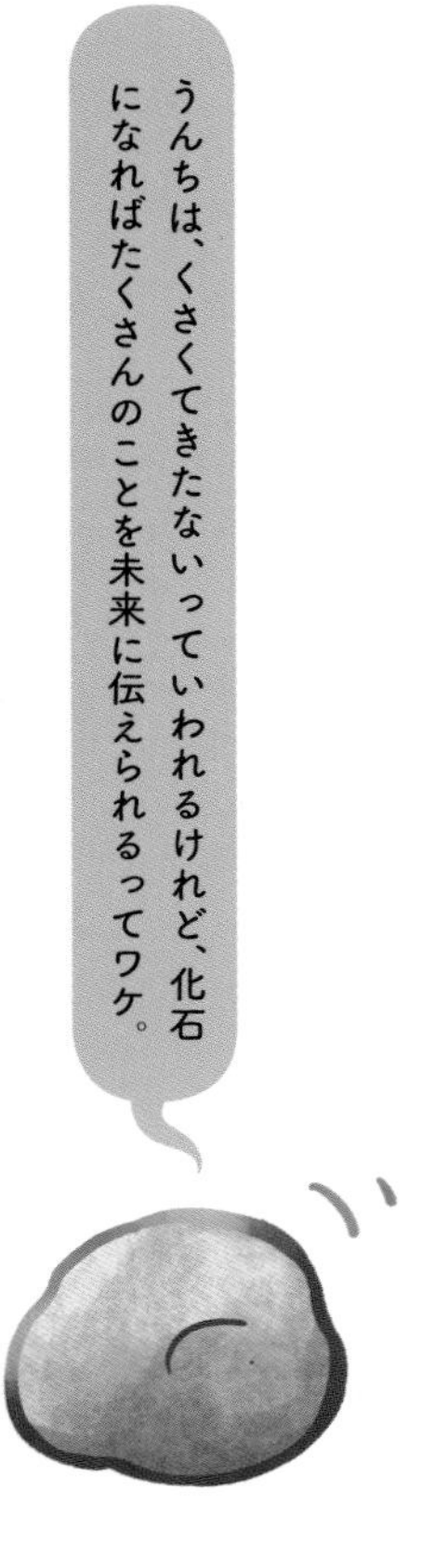
うんちは、くさくてきたないっていわれるけれど、化石になればたくさんのことを未来に伝えられるってワケ。

NOW SHOWING
青天の霹靂
!?
サナジェ
砂嵐は突然に…
卵を襲いに来てそのまま死んだヘビのおはなし

白亜紀のヘビ界、期待の星

インド西部、グジャラート州にある約6750万年前（中生代白亜紀末期）の地層から、全長3・5メートルほどのヘビの化石が発見されています。

そのヘビの名前は、「サナジェ（*Sanajeh*）」。２つの球状の物体とその破片とみられるもの、そして小さな動物の化石とともにみつかりました。

「太古」を意味する「*sanaj*」と、「裂け目」を意味する「*jeh*」に由来します。

ヘビの歴史は、白亜紀にはじまったとみられています。

トカゲのような爬虫類《はちゅうるい》がその祖先で、はじめは手足があり、徐々になくなっていったと考えられています。

約1億2000万年前（白亜紀前期）には細長いからだに小さな手足のあるヘビが、約1億年前（白亜紀半ば）には前足がなく、小さな後ろ足だけをもつヘビがいたことが、これまでにわかっています。

そうしたヘビの歴史の中で、サナジェには白亜紀末期のヘビがどのように生きていたのかを知る手がかりがあるとされたのです。

INTERVIEW

主演のサナジェ氏。今回の撮影のために、特別に卵の丸のみを練習したわけではないという。「現生の子もできるよ？　タマゴヘビさんとか」と語る。

卵を襲いに来たものの……

サナジェとともに発見された「2つの球状の物体」は、直径15センチメートルほどでした。この球状の物体は何なのか？

それは卵の化石でした。しかも、成長すれば全長10メートルを超える大型の植物食恐竜グループ、竜脚類のものであるとみられています。ともに発見された「小さな動物の化石」は、竜脚類の幼体（子ども）のものでした。

つまり、サナジェは、竜脚類の卵が並ぶ中にいたのです。そして、そのまわりには、割れた卵もありました。なぜ、そんな場所にいたのでしょうか？

ミシガン大学（アメリカ）のジェフリィ・A・ウィルソンさんたちは、サナジェが竜脚類の巣を狙っていたと考えています。

そもそも「卵」は栄養価が高く、多くの動物が狙うものです。現在の地球で生きているヘビの中にも「タマゴヘビ」という卵ばかりを狙うヘビがいることが知られています。

タマゴヘビは、自分の顔の数倍もある鳥の卵を食べることができるそうです。口を大きく開けて卵を丸のみし、その後、〝喉にある特殊な骨〟を卵に押し付けて卵を割ります。そして、殻をあとで吐き出します。

しかし、化石の分析では、サナジェにはこうした特殊な骨はなかったとみられています。

▶ごちそうにありついたのも束の間、砂嵐が迫っていた。

では、サナジェは卵を食べることができなかったのでしょうか？

ウィルソンさんたちは、サナジェの大きさに注目しています。全長3・5メートルというその大きさは、現在のアオダイショウの2〜3倍に相当します。これだけ大きければ、〝特殊な骨〟がなくても、卵をのみこみ、割ることができたのではないか、というわけです。

また、巣のまわりには、孵《ふ》化《か》したばかりの植物食恐竜の化石もみつかっています。卵自体を食べなくても、孵化したばかりで肉のやわらかい幼体を食べることもできたでしょう。

竜脚類は、基本的に卵を産みっぱなしだったとみられています。つまり、その卵は無防備な状態でサナジェの前にあったのです。

サナジェにとって、そこは〝ごちそうがたくさんのったテーブル〟だったのかもしれません。

しかし、この状態で化石になっているということは、巣や幼体とともにサナジェもそこで死んだことを意味しています。

突然の嵐によって運ばれてきた土砂が、卵や竜脚類の幼体もろともにサナジェも埋めてしまったのです。

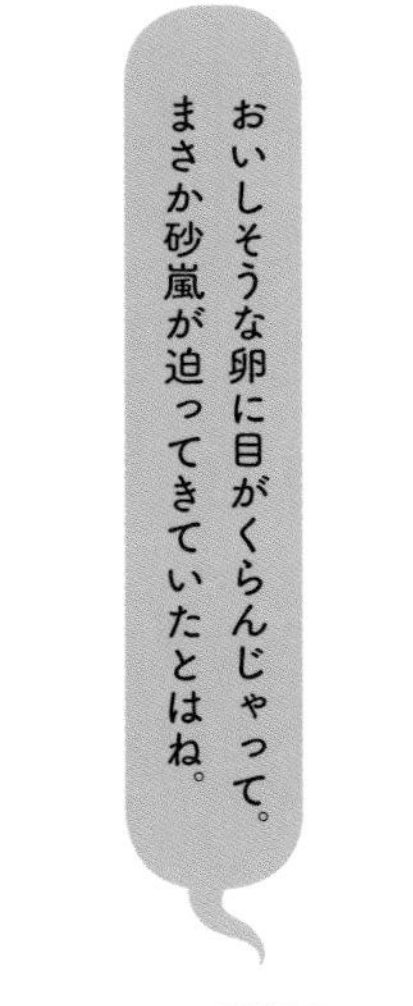
おいしそうな卵に目がくらんじゃって。まさか砂嵐が迫ってきていたとはね。

NOW SHOWING
ディイクトドン
ぐるぐるあなの
TUBE!
あなほりじょうずの
ふしぎなずうち
主演
ディイクトドン
らせん状の穴の底でみつかったディイクトドンのおはなし

らせん状の穴の底で
みつかったディイクトドン

INTERVIEW

哺乳類の祖先となった単弓類。今はすべて絶滅している。ディメトロドン氏に話を聞いた。「こんな見た目のぼくも単弓類。幅広いよねー」

うずを巻く〝チューブ〟の先にいた〝哺乳類の親戚〟

南アフリカのカルー盆地には、「ティークローフ層」という地層があります。約2億5700万年前という古生代ペルム紀最末期につくられた地層です。

この地層から、くるくるとらせんを描くチューブのような構造がいくつもみつかっています。そして、その底に、「ディイクトドン（*Diictodon*）」という、全長45センチメートルほどの動物化石がありました。

チューブは、細かい砂や粘土で満たされていました。多くは、上から下へ向かって2〜3回のらせんを描いており、下部へ行くにつれてチューブはしだいに太くなり、最下部ではらせんをやめてほぼ水平にのびていました。

一方、ディイクトドンは、短い四肢をもち、口先にはクチバシがあり、また牙が発達しているものもいました。どことなく「鼻先が詰まった小さなダックスフント」といった印象です。

ディイクトドンは、「単弓類」というグループの一員です。

私たち哺乳類も単弓類の構成員。いわば、ディイクトドンは哺乳類の遠い親戚のような存在といえます。

ただし、哺乳類はペルム紀にはまだ登場していません。

また、ディイクトドンと哺乳類の間に祖先と子孫のような関係があるわけではありません。ディイクトドンの化石は、ティークローフ層からたくさん産出しています。

そのすべてがチューブ状構造からみつかるわけではありません。しかし、チューブ状構造の下部からは、ディイクトドンの化石がよくみつかるのです。しかも、そうした化石は全身の部位がよく残っている傾向がありました。

この〝チューブ〟は何なのでしょうか？

巣穴だった！

1987年、南アフリカ博物館のロジャー・M・H・スミスさんが、「ティークローフ層にみられるチューブ状構造は、ディイクトドンの巣穴である」と分析した研究を発表しました。

一口に「巣穴」といっても、自然にできた穴を動物が利用する場合と、自分自身で掘る場合があります。

スミスさんがチューブ構造の内側の壁を詳しく調べたところ、そこにディイクトドンのものとみられるクチバシと爪で引っかいた痕跡が確認できたとのことです。

このことは、ディイクトドン自身が穴を掘った有力な証拠とされています。

ティークローフ層がつくられたときのカルー盆地は、気温が高く乾燥した過酷な環境だったとみられています。

らせん状の穴の底でみつかったディイクトドン

▶突然の洪水になすすべもなく、身を寄せ合い、永遠の眠りについた。

そんな環境の地表で生きるには、なかなかタイヘンです。

そこで、ディイクトドンは地下に穴を掘り、気温と湿度の安定した場所で暮らしていたのではないか、とみられています。

巣穴の奥からみつかるディイクトドンの化石は、1頭だけではなく、数頭分がまとめてみつかることもあります。

このことから、ディイクトドンが家族のような単位で群れをつくっていたと考えられています。

そうした群れの化石の中には、2頭がからだを丸め、身を寄せ合うように眠っているものもあります。

いったい当時、何があったのでしょうか？

スミスさんは、突発的な嵐などによって洪水が発生し、その洪水によってディイクトドンの巣穴にも大量の泥や砂が流れ込んだのではないか、とみています。

その結果、身を寄せ合うような姿勢のまま、死んでしまったのではないか、というわけです。

過酷な環境に適応するためのくねくね巣穴でしたが、まさか洪水がくるなんて……。

主演 アラエオケリス

メッセルの深層で、愛をさけぶ

あのころ、ぼくらは
湖の底に沈んでいくことなんて
気にならないくらい、
恋をしていたんだ

交尾に夢中で死に至ったアラエオケリスのおはなし

9組のカメのカップルが化石でみつかる

ドイツ西部に「グルーベ・メッセル」あるいは「メッセル・ピット」と呼ばれる化石産地があります。日本語で「メッセルの孔《あな》」という意味があります。

今回は、このメッセルの孔で見つかったアラエオケリスというカメのカップルの物語です。

「メッセルの孔」は、自然にできた穴ではなく、人間が資源をとるために掘ったものです。そこではオイルシェールというガソリンなどの資源を含んだ岩石を採掘できます。

そんなメッセルのオイルシェールには、たくさんの動植物の化石が含まれています。全身がよく保存され、標本によっては体毛などが残ったものもありました。それらの化石は、約4800万年前～約4700万年前の新生代古第三紀始新世のものとみられています。

2012年にチュービンゲン大学（ドイツ）のウォルター・G・ジョイスさんたちが報告した、甲羅の大きさが直径10～15センチメートルほどのカメ類「アラエオケリス・クラッセスクルプタ（*Allaeochelys crassesculpta*）」の化石もその一つです。

アラエオケリスは、その姿がとくに変わっているというわけではありません。

ただし、ジョイスさんたちが報告したアラエオケリスの化石には特徴がありました。大小2個体がペアになり、まるで寄り添うように甲羅の端をくっつけた状態の標本が9組もあったのです。小さな個体は、大きな個体よりも一回り小型でした。

仮に、こうしてペアでみつかる化石が1組だけならば、偶然そうした配置になったと考えることもできます。しかし、9組も同じ姿勢になっているとすれば、偶然とはいえません。

化石を詳しく調べたところ、小さな個体の尾が、大きな個体のからだの下にもぐりこんでいることがわかりました。

ジョイスさんたちは、これは交尾中の姿勢である、と指摘しています。

小さな個体は雄、大きな個体は雌。9組のアラエオケリスは、交尾中に死んで化石となったというわけです。

死の危険が迫っていたのなら、交尾をやめれば良いのに……。

当時、アラエオケリスの身に何があったのでしょうか?

上は安全、下は死の水塊

今から約4800万年前~約4700万年前のメッセルは、亜熱帯の森林に囲まれた湖だったと考えられています。

この湖は特段に危険といえる湖ではありませんでした。……少なくとも表層は。

深層の環境はちがいました。生物が生きることのできる環境ではなかったのです。

もともとメッセルには、火山の火口があったとみられています。火山が噴火して、その火口

交尾に夢中で死に至ったアラエオケリス

▶深層の状況を知ってか知らでか、熱い抱擁を交わしたまま沈む恋人たち──。

に雨水などがたまってできた湖なのです。

もともとが火山の火口だけに、この湖に流れ込む大きな川があるわけではなく、この湖から流れ出す大きな川があるわけでもありません。つまり、この湖にはあまり水の流れがありませんでした。

こうした水の流れのない湖の深層では、水中に溶けている酸素がしだいに減っていき、やがて無酸素の状態になってしまうことがあります。

また、もとは火口なので、毒性のある火山成分が染み出していた可能性もあります。

つまり、湖の深層は、有毒で無酸素の状態でした。

アラエオケリスたちは、湖の表層で〝恋に落ち〟、交尾をはじめたのでしょう。交尾をする間は泳げないため、少しずつ沈んでいきます。

おそらく多くのアラエオケリスは、交尾を終えて再び泳ぎだしたにちがいありません。

しかし、そのうちの何組かは、交尾に夢中になりすぎたため、深層にまで沈み込みました。そのまま即死して、湖底で化石になったと、ジョイスさんたちは考えています。

ぼくたちは死んでしまったけれど、永遠の熱い愛は、メッセルの底に保存されたってわけさ！

NOW SHOWING
人類《ヒト》も木からおちる!?
劇場版
ル〜シ〜
ー ルーシー そのケガ、どうしたの? ー
Namae no yurai ha The Beatles.
古生物界の大物ルーシーの最期のおはなし

世界で一番有名(?)な人類化石

私たち現生人類は、みんな「ホモ・サピエンス（*Homo sapiens*）」という一つの種です。現在の地球には、ホモ・サピエンス以外の人類はいません。

しかし過去には、たくさんの人類がいました。

このお話の主人公「ルーシー」もまた、絶滅した人類です。


そもそも〝最初の人類〟が地球に現れたのは、今から約700万年前のことといわれています。この〝最初の人類〟は「サヘラントロプス（*Sahelanthropus*）」という名前です。

サヘラントロプス以降、人類は進化を重ね、さまざまな種が出現し、そして、ホモ・サピエンス以外の人類は、すべて滅んでしまいました。

そんな絶滅した人類の中に、「アウストラロピテクス・アファレンシス（*Australopithecus afarensis*）」がいました。約370万年から約300万年前にかけてアフリカ東部にいた種で、大きな個体の身長は1・5メートルに達し、体重も40キログラムを超えていたようです。

その見た目は強いていえば、〝背筋をのばして歩くチンパンジー〟といえるかもしれません。

しかし、細かいところではチンパンジーとはだいぶちがっていて、大きな歯、がっしりとしたあご、大きく張り出した頬《ほお》などをもっていました。また、私たちヒトと同じような特徴もあ

ルーシー氏に話を聞いた。「私の復元模型は、東京・上野の国立科学博物館で見られますよ。ぜひ来てね」

りました。幅広の腰をもち、足には土踏まずがあり、足の指はすべて前を向いていました。腰や足にみられるこうした特徴は、草原を歩くことに向いています。

そんなアウストラロピテクス・アファレンシスの化石の中に、最も有名といっても過言ではない個体がいます。それこそがルーシーです。

エチオピアにある約320万年前の地層から化石が発見された個体です。「ルーシー」という愛称は、化石を発掘していたときに、現場に持ち込んでいたラジオからビートルズの『Lucy in the Sky with Diamonds』という曲が流れていたことにちなみます。

ルーシーの化石は、他の人類化石にみられないほどたくさんの部位が残っていました。頭骨、両腕の骨、肋骨《ろっこつ》、骨盤、足の骨などが発見されていて、アウストラロピテクス・アファレンシスについての多くの情報をもたらしました。

しかし、彼女の化石には、不思議な点がありました。全身のそこかしこに原因不明の大きな傷があったのです。

彼女はなぜ死んだのか？

テキサス大学オースティン校（アメリカ）のジョン・カッペルマンさんたちは、2016年にルーシーに残された傷に関する研究を発表しました。

カッペルマンさんたちは、ルーシーの右肩の傷を、現代の外科医に見せたそうです。その結

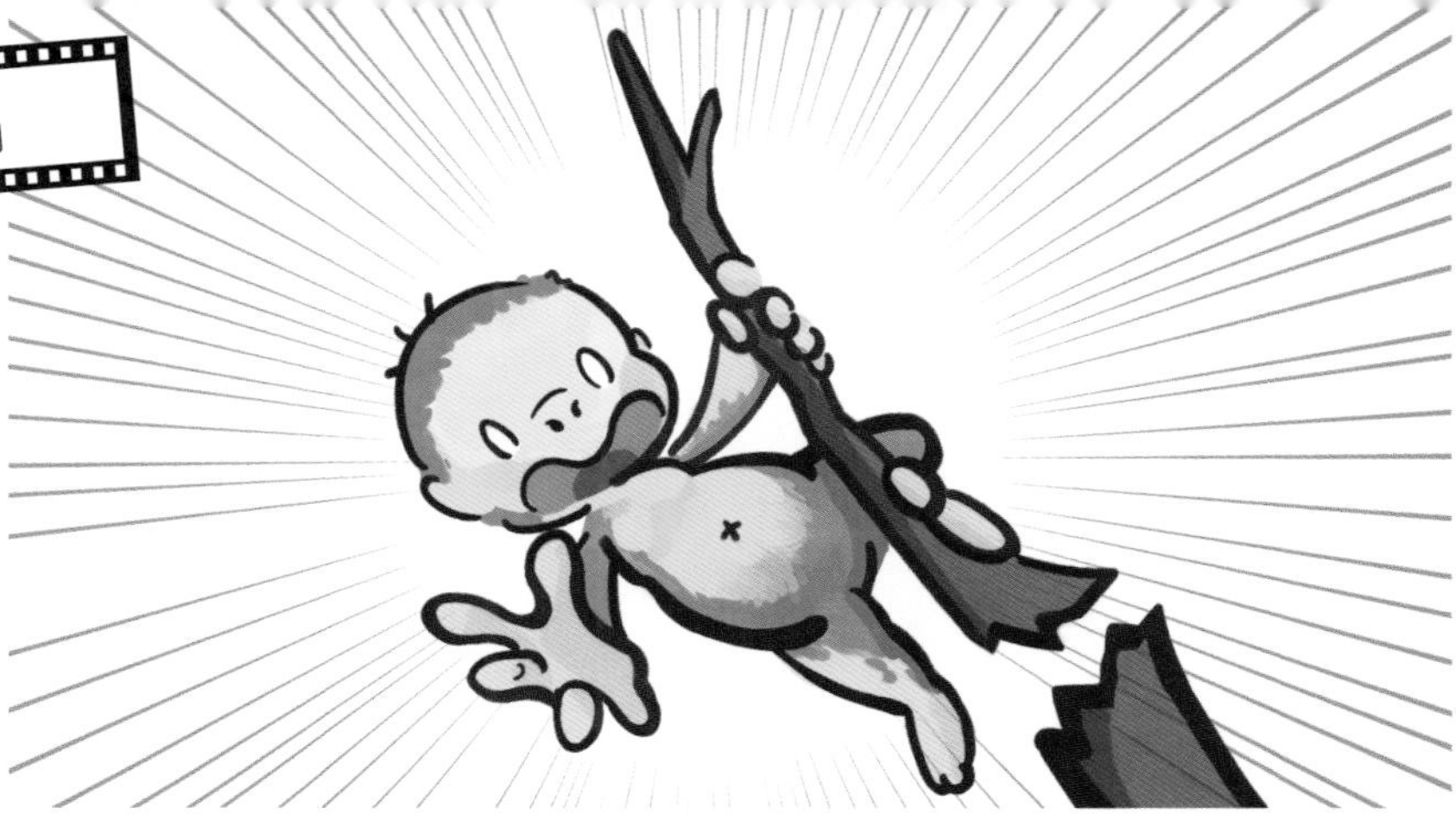

▲突然の転落死だった？

果、外科医は「相当高い場所から落ちた傷」と判断したとか。

そこで、コンピューターでさらに詳しく調べたところ、右肩にあったものと同じような傷が足首やひざ、手首などにも確認できたとのことです。

こうした調査結果から、ルーシーは背の高い樹木からまっすぐ下に落ち、からだを地面に叩《たた》きつけて死んだのではないか、と分析されました。

かなり高い場所から落ちたようで、地面にぶつかったときの速度は、時速60キロメートルに達したとのことです。

この衝撃によって、からだのあちこちの骨を折り、内臓が傷ついたと〝診断〟されました。即死だったようです。

草原を二足歩行することに向いていたアウストラロピテクス・アファレンシスのルーシーが、なぜ、そんな高い場所に登っていたのかはわかっていません。

一方で、カッペルマンさんが指摘した傷は、死後、あるいは地中で化石になる過程でできたものではないかという意見もあります。

ルーシーはなぜ死んだのか？　今後の研究の展開に注目です。

結構若いうちに死んじゃって、無念……。でも、今じゃ世界で一番有名な人類化石かも!!

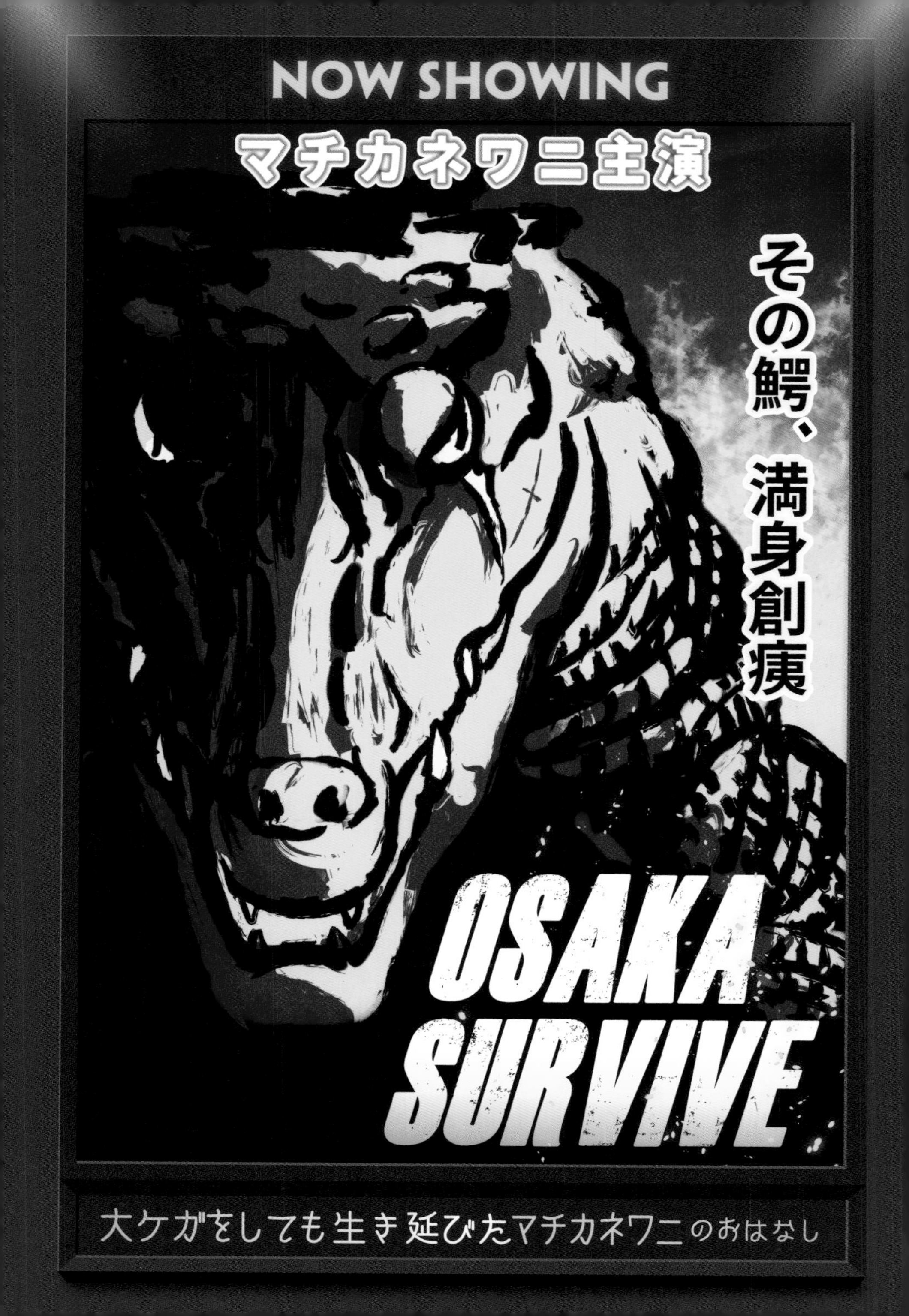
NOW SHOWING
マチカネワニ主演
その鰐、満身創痍
OSAKA SURVIVE
大ケガをしても生き延びたマチカネワニのおはなし

かつて大阪に超大型のワニがいた！

「ワニ」といえば、現代では熱帯・亜熱帯に生きる動物の代名詞ともいえる動物で、現代の日本には野生のワニは生息していません。

しかし、今から約40万年前（新生代第四紀更新世）、の大阪には、大型のワニがいたことがわかっています。

そのワニの名前を「トヨタマフィメイア・マチカネンシス（*Toyotamaphimeia machikanensis*）」といいます。この名前は、『古事記』に登場するワニの化身の「豊玉姫」と化石発見地の待兼山にちなんで名付けられたもの。和名は「マチカネワニ」です。大阪府豊中市にある大阪大学構内から化石が発見されました。

マチカネワニは、全長7・7メートルの大型のワニです。現生のワニ類で「超大型」とされるイリエワニの全長が7メートルほどですから、マチカネワニがいかに大きなワニだったかがよくわかります。日本を代表する古生物の一つとして、日本各地の博物館にその全身復元骨格が展示されていますので、未見の方は、ぜひ、ご自分でそのサイズを確認してみてください。

筆者（土屋）としては、東京近郊の方は、東京駅前の学術文化総合ミュージアム・インターメディアテクの展示をおすすめします。その大きさがよくわかりますし、そのようすはまるで空に昇る竜のように見えます。大阪近郊の方には、大阪市立自然史博物館の展示がおすすめです。こちらも、まるで空を泳ぐように展示されています。

重傷のように見えるけれども……

各地の博物館で展示されているマチカネワニの骨格は、〝きれいに復元〟されています。しかし実は、オリジナルのマチカネワニの化石には〝不自然な部分〟が少なくとも3か所に確認されています。

1つ目は、下顎の先端です。下顎の先端3分の1が大きく欠けていました。

2つ目は、背中を守る鱗《うろこ》の骨（鱗板骨《りんばんこつ》）。そこに丸い穴が開いていました。

3つ目は、右後ろ足の骨です。本来まっすぐであるはずの骨が途中でずれて、その場所がふくらんでいました。

石川県立自然史資料館の桂嘉志浩《かつらよしひろ》さんは、これらの〝不自然な部分〟が「マチカネワニが生きていたときに負った傷のあとである」と分析した論文を2004年に発表しています。

3つの〝不自然な部分〟のうち、下顎の先端と右足の骨には治りかけているあとがありました。とくに、右後ろ足の骨がずれている場所は、かつて骨折し、その後、不自然にくっついてしまった痕跡と分析されています。

私たち現代人も、骨折したときは、その直後から自然に治癒がはじまり、やがて骨がくっつきます。しかし、このときに折れた骨がまっすぐになっていなければ、曲がったり、ずれたりしてくっついてしまいます。そのため、私たちは骨折部分に添え木などをあててまっすぐにするのです。しかし、40万年前のマチカネワニにはそれができません。そのため、右後ろ足の骨はずれてくっついてしまった、というわけです。

下顎の先端や右後ろ足にみられる痕跡は「治癒痕《ちゆこん》」と呼ばれます。治癒痕は、これらの〝破損〟が生きているときに負ったものであることを証明するものです。死後に負った傷であれば、治癒しないからです。

全長7・7メートルものマチカネワニにこれほどの傷を負わせることができた相手は誰か？

桂さんは、マチカネワニの仲間（同種）がその相手だったのではないか、と指摘しています。背中の鱗板骨の穴は、同じワニ類の歯によって開けられたものと一致しているからです。

マチカネワニの化石は今のところ1個体しか発見されていません。しかし当時、まわりには同種か、あるいは同程度の大きさのある別のワニがいて、自分の縄張りを守るためか、それとも、交尾の相手を得るためか、同種間の戦闘があった可能性があるというのです。

マチカネワニに関しては、北海道大学総合博物館の小林快次《こばやしよしつぐ》さんと、大阪大学総合学術博物館の江口太郎《えぐちたろう》さんが著した『マチカネワニ化石』（2010年、大阪大学出版会刊行）に詳しくまとめられ、そのオリジナルの標本は、大阪大学総合学術博物館に展示されています。

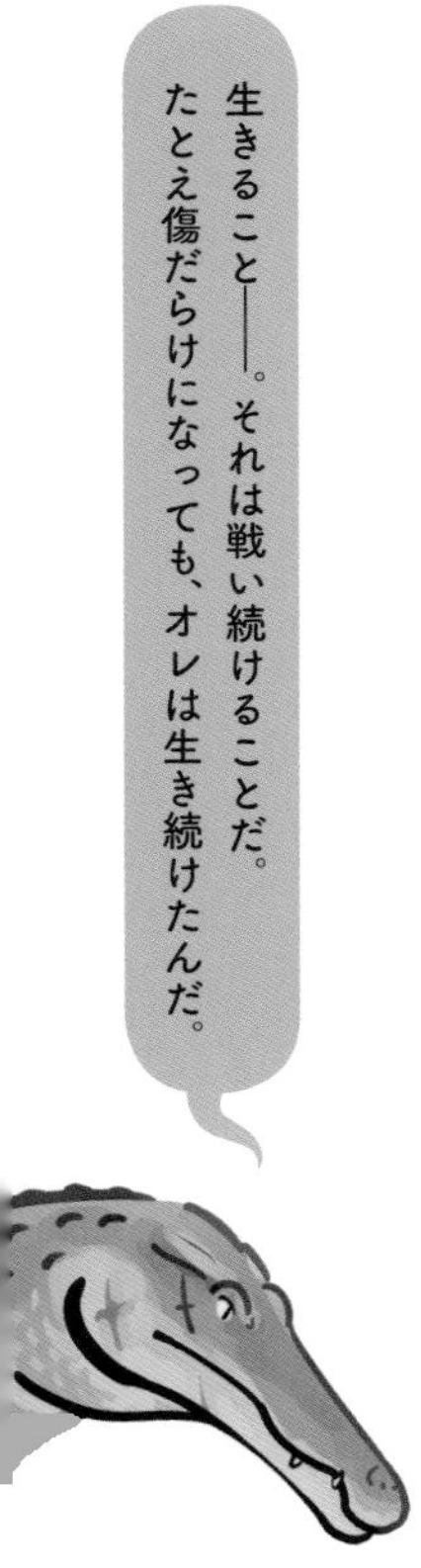
生きること——。それは戦い続けることだ。
たとえ傷だらけになっても、オレは生き続けたんだ。

column 2

化石にも名産地がある！

生物が死んで化石となるには、さまざまな条件をクリアする必要があります。そして〝幸運〟も必要です。

でも、世界各地には、例外的に保存状態の良い化石がたくさん含まれた、「化石鉱脈」と呼ばれる地層や地域があります。

たとえば、82ページの「交尾に夢中で死に至ったアラエオケリスのおはなし」で紹介したドイツのグルーベ・メッセルや、次の章で登場するスウェーデンのオルステン、イギリスのヘレフォードシャー（2章で紹介）、ドイツのゾルンホーフェンなどはこうした化石鉱脈の一つです。

日本でも栃木県の那須塩原市に、植物の葉化石がきれいに保存されている化石鉱脈があります。

また、化石鉱脈には、他の地域や地層ではめったに保存されないやわらかい組織が保存されていることも多くあります。

こうした化石鉱脈の多くは、しっかりと管理されていて、許可なしで採掘することはできません。立ち入りが禁止されている場所もあり、大学や研究所などの専門家のチームが、組織的に採掘を進めていることもあります。

化石鉱脈からは、今後もびっくりするようなドラマをもった化石がみつかることでしょう。

世界の化石鉱脈に期待です。

第3章
海の古生物のドラマチック

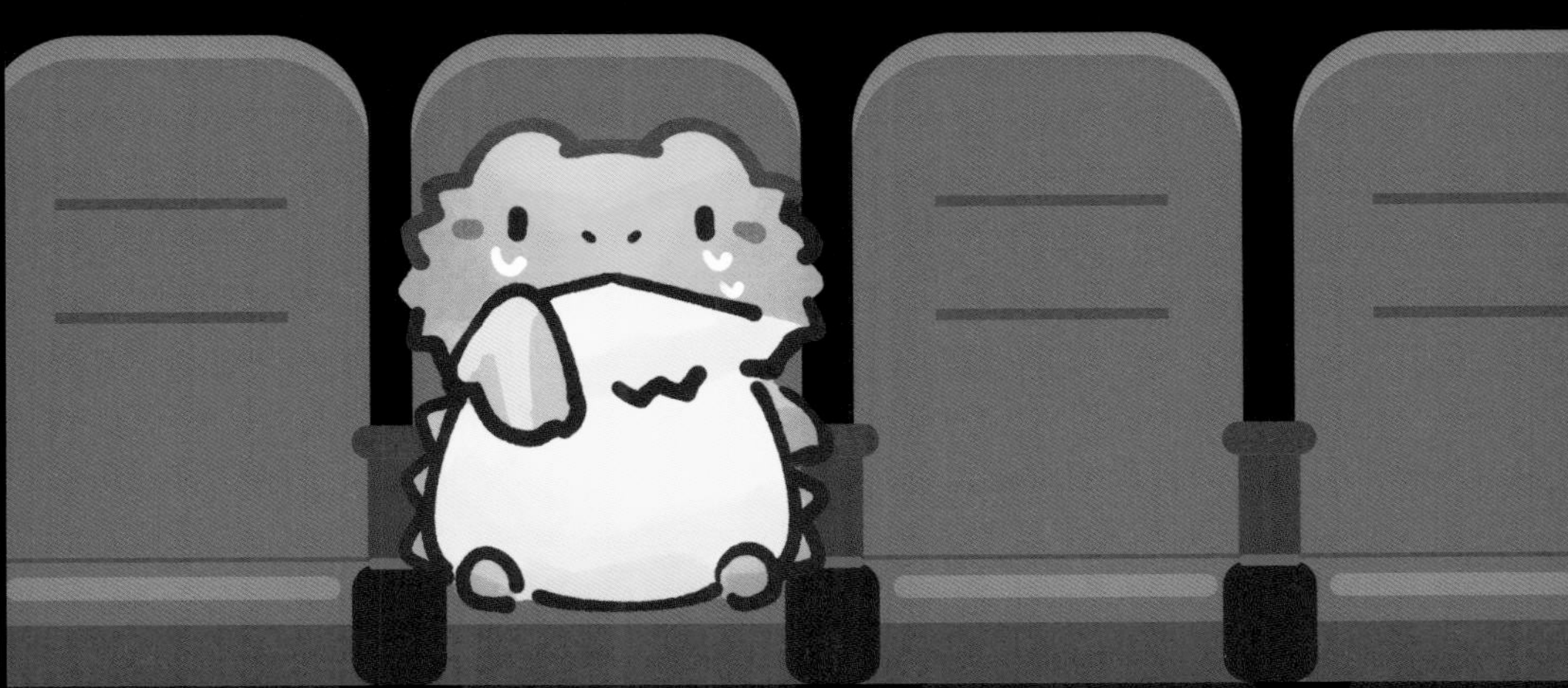

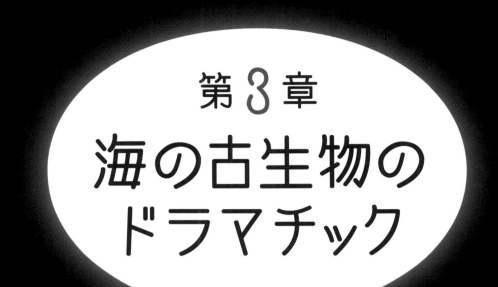

まさしく
"ウン"のつきかしら?

Kore Unkokamo?

主演
オルステン動物群

「うんちまみれで保存された動物たちのおはなし

〝顕微鏡サイズ〟の化石の中に……

化石に残りやすいのは、基本的には〝硬い部分〟です。「骨」や「殻」といった部分は、他の動物に食べられにくく、微生物にも分解されにくいため、死んでから化石となることが多くなります。例外として、70ページでコプロライト（糞《ふん》の化石）のお話をしました。

さて、「化石」と聞くと、本書でこれまでに見てきたような「目に見えるサイズ」の動植物を思い浮かべる方が多いと思います。博物館にも、そうした化石ばかりが展示されています。

しかし実際に発見される化石は、顕微鏡を使わないと見えないような、とても小さな生物の化石の方が圧倒的に多いのです。こうした化石は「微化石」と呼ばれます。

今回はそんな微化石のお話です。

微化石を野外でみつけることは、かなり難しい。

なにしろ、〝顕微鏡サイズ〟なので、肉眼ではなかなか見えません。

研究者は、微化石が入っているであろう岩石を持ち帰り、薬品などを使ってその岩石をバラバラにして、たくさんの砂粒の中から、微化石を拾いだすしかないのです。

そんな小さな生物の化石であっても、「〝硬い部分〟の方が化石として残りやすい」という〝基本ルール〟は適用されます。

しかし、例外もあります。スウェーデンのヴェーネルン湖の近くでは、〝硬い部分〟だけではなく、筋肉や眼などの〝やわらかい部分〟も残された微化石がたくさん発見されています。その微化石は、今から約4億9500万年前（古生代カンブリア紀末期）のもの。たった一つだけの複眼をもつという不思議な遊泳性微生物「カンブロパキコーペ（*Cambropachycope*）」の化石や、現生のミジンコに似た姿の「ヘスランドナ（*Heslandona*）」の眼が少ししぼみつつも残っている化石が見つかっています。こうした化石は、産地の名前にちなんで「オルステン動物群」と呼ばれ、多くの研究者の注目を集めてきました。

しかし「なぜ、〝やわらかい部分〟も〝硬い部分〟も含め、全身が丸ごと化石として残ることができたのか」という謎がありました。

肥溜めの保存

2011年、前田晴良《まえだはるよし》さん（現・九州大学）たちが、この謎に迫る研究を発表しました。前田さんたちは、まず、オルステン動物群の化石が、厚さわずか3センチメートルという薄い地層から発見されることを明らかにしました。

微化石がある場所がわかったということは、その化石がどのようにできたのかを知る大きな手がかりになります。その場所にどのような特徴があるのかを調べれば良いのです。

分析の結果、その3センチメートルの地層に、三葉虫類が排出したものとみられる糞の粒が

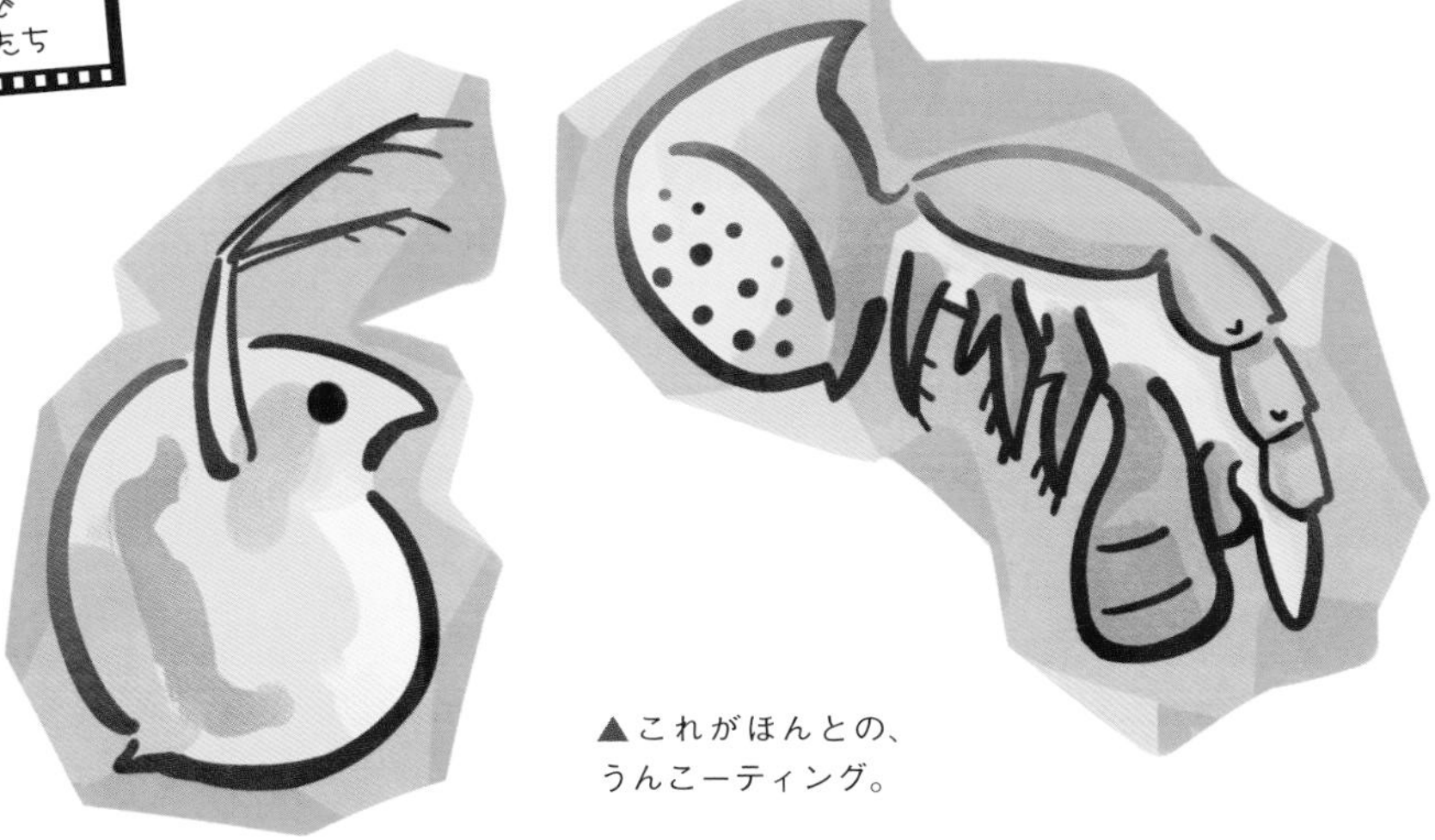

▲これがほんとの、
うんこーティング。

密集していることがわかりました。

この糞の中には、リン酸カルシウムという成分が含まれていました。私たち脊椎動物の骨の主成分で、基本的に硬いものです。

前田さんたちは、こうした性質をもつリン酸カルシウムが糞から溶けだして、微生物の遺骸を丸ごと包み込んだため、硬い部分もやわらかい部分も残ったと指摘しています。

つまり、何らかの理由でそこに三葉虫類の糞が密集していたことになります。そう、まるで現代の「肥溜《こえだ》め」のように。

その肥溜めの上で泳いでいたカンブロパキコーペたちは、死後、その肥溜めに沈み、リン酸カルシウムに全身をコーティングされ、化石になったということです。あるいは、何らかの理由で生きたまま、肥溜めに突っ込んでしまったのかもしれません。

いずれにしろ、この肥溜めこそが、オルステン動物群の保存に一役買ったようです。

……ということは、今後こうした糞の粒の密集層をみつければ、同じように保存状態の良い貴重な化石が含まれているかもしれません。

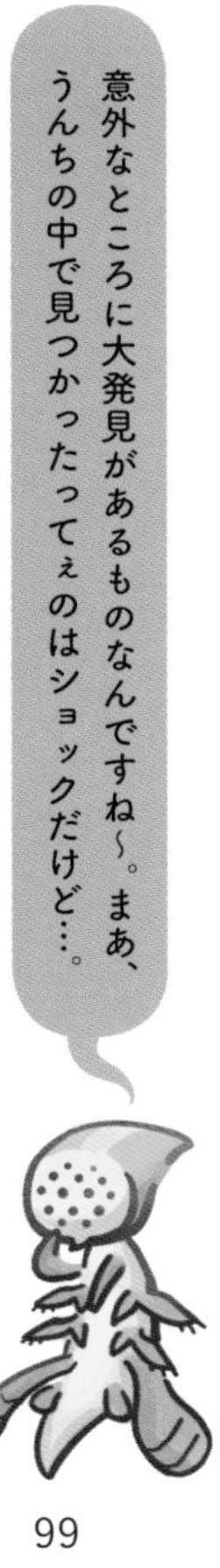
意外なところに大発見があるものなんですね～。まあ、
うんちの中で見つかったってぇのはショックだけど…。

NOW SHOWING
アムピクス
大行進
Toge no tsuita sanyouchu.
minna de ichiretsu de
susumuyo susumu.
主演 アムピクス
トンネル崩壊事故にまきこまれた三葉虫のおはなし

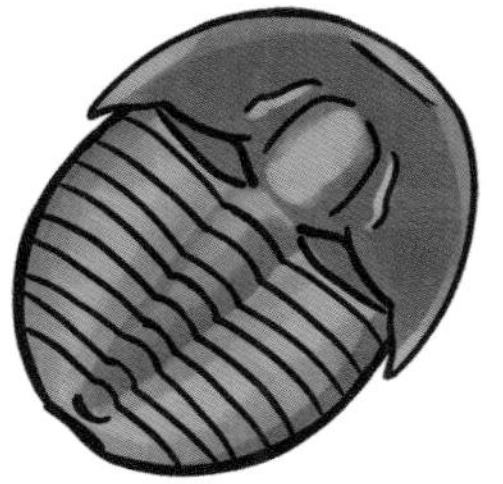

INTERVIEW

三葉虫といえばこの方、エルラシア氏。「ぼくらの化石は安く買えることもある。とってもシンプルな姿でしょ」

トゲの長い三葉虫

三葉虫は合計一万種をこえる大きなグループです。その中には、トゲやツノで〝武装〟した種がたくさんいました。モロッコにある古生代オルドビス紀（約4億8500万年前〜約4億4400万年前）の地層から化石が発見されている「アムピクス（Ampyx）」もそうした〝武装三葉虫〟の一つです。

彼らの化石には、ある特徴がありました。複数の個体が列をつくった状態でみつかることがしばしばあるのです。

三葉虫類は、三億年近い〝長寿〟を誇り、化石もたくさんみつかり、多くの種が確認されていることから、「化石の王様」と呼ばれます。その眼は、現生の昆虫と同じ複眼でした。

アムピクスは、1センチメートルちょっとのからだをもち、頭部の先端から長さ2センチメートルほどの細いトゲを前方へのばし、また頭部の左右の端からも、それぞれ同じくらいの長さの細いトゲを後方に向かってのばしていました。

モロッコでみつかった化石では、多い場合では11匹以上のアムピクスが1列に並び、みんなほぼ同じ方向を向いていました。アムピクスとアムピクスが重なっている化石もありますが、そんなときでも、すべての個体がほぼ同じ方向を向いているのです。

▲トンネルの中を移動していた？

1列縦隊の謎

なぜ、アムピクスは、列をつくって化石となっていたのでしょうか？

2008年、アルバータ大学（カナダ）のブリアン・D・E・チャタートンさんと大英自然史博物館のリチャード・A・フォーティさんは、「彼らは〝トンネル〟に潜っていたのではないか」という研究を発表しました。

チャタートンさんとフォーティさんによると、はじめに太いミミズのようなからだの動物が海底にトンネルを掘り、そこにアムピクスが入り込んだのではないか、とのことです。

アムピクスはきれいに縦1列になっていました。そのため、おそらくアムピクスの横幅とさほど変わらないサイズのトンネルがあり、何らかの理由で（おそらく天敵から逃げるために）、そのトンネルに入って、そして化石になったものと考えたわけです。

重なっている例もあることから、アムピクスたちは一度にトンネルに入ったのではなく、数度にわたってやってきて、あとから入った個体は、先に入った個体の上に乗ったのではないか、と指摘しました。

しかし、2019年にリヨン大学（フランス）のジャン・バニエさんたちが、新たな仮説を発表しました。アムピクスはトンネルにいたのではなく、「1列になって海底表

トンネル崩壊事故にまきこまれた三葉虫

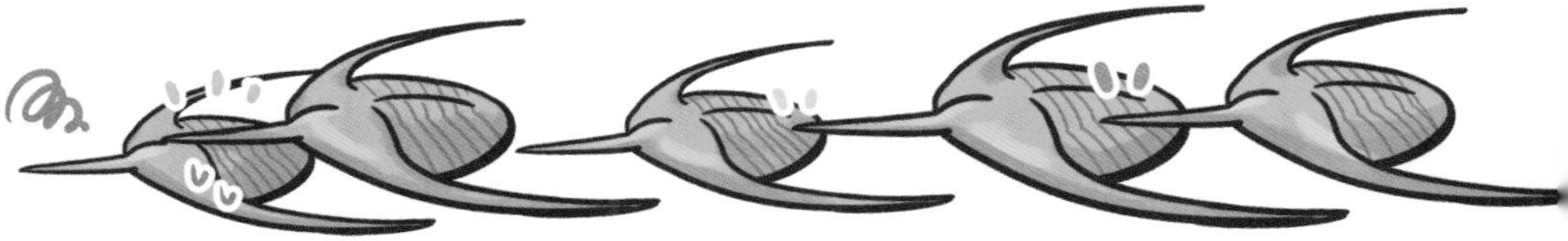

▼目が見えなくても、トゲなどでおたがいの位置を感じ取っていた？

面を移動していた」というのです。

バニエさんたちが、アムピクスが1列になっていた地層を調べても、そこにトンネルがあったという痕跡は発見できませんでした。そのため、当時、アムピクスは1列になって集団で移動していて、そして一瞬のうちに泥に埋もれて化石になったのではないか、と指摘しました。

アムピクスが〝1列縦隊〟で移動していたとなると、新たに一つの疑問が生じます。実はアムピクスの眼は退化して、なくなっているのです。眼のないアムピクスが、どのようにしてきれいに1列縦隊をつくっていたのでしょうか？

バニエさんたちは、アムピクス独特の長いトゲや触覚、あるいは、フェロモンなどが道しるべになったのではないか、と指摘しています。私たちが暗闇で手をつないで歩いて、ともにいる人の位置を知るように、アムピクスもトゲなどで仲間の位置を確認していたのかもしれません。

もっとも、この〝1列縦隊説〟にも疑問は残ります。実はアムピクスの列の中に、別の三葉虫も入り込んでいるのです。1列縦隊説では、この別の三葉虫の存在は、説明できていません。

大昔の生き物が集団行動をしていたというところも、ぼくらアムピクスが注目を集める理由の一つなんだ。

NOW SHOWING
かくれが
そうだ！みんなで生きるんだ！
弱い時期をうまくカバーした三葉虫のおはなし

INTERVIEW

舞台となった殻の持ち主、オウムガイ氏。「当時最強のぼくの殻を使うなんて、あっぱれだよ」と語る。

オウムガイの化石の中に

2016年、中国地質大学の縦瑞文《ツォンルイウェン》さんたちが、ちょっと変わった化石を報告しました。それは、中国北西部のジュンガル盆地の端にある約3億6500万年前（古生代デボン紀末期）の地層から発見されたもの。直径数センチメートルのオウムガイ類の殻の中に、三葉虫類の殻の破片がいくつも詰まっていたのです。

オウムガイ類は、「頭足類」と呼ばれるグループに属しています。現在の海でも見ることのできるタコ類やイカ類のほか、アンモナイト類も分類されます。

オウムガイ類は、とくに約4億8500万年前にはじまった古生代オルドビス紀から、約2億9900万年前まで続いた石炭紀にかけて大繁栄していました。

過去のオウムガイ類の中には、現生の「ノーチラス（*Nautilus*）」のように巻いた殻ではなく、ほぼ円錐形《えんすいけい》の殻をもっていた種もいました。縦さんたちが報告したオウムガイ類の化石は、そうした円錐形の殻をもつ種の一つです。

一方、そのオウムガイ類の殻の中に入っていた三葉虫類は「オメゴプス・コーネリウス（*Omegops cornelius*）」と呼ばれる種で、全長は数センチメートルほど。とくにトゲなどはもっていませんでしたが、複眼をつくるレンズが比較的大きく、また頭部には細かなぶつぶつがありました。そして、殻の中の化石はみな、頭部と胸部、尾部に分かれていました。

彼らはなぜ、オウムガイ類の殻の中にいたのでしょう？

そこは〝安全地帯〟だった!?

ある動物の化石の内部に、別の動物の化石が含まれて発見された場合は、「食べられた可能性」を考えることが基本です。

かつてのオウムガイ類は、海洋生態系の上位に君臨する狩人《かりうど》でした。そのため、オウムガイ類がオメゴプスを食べていたという考えは、ごく自然に思えます。

しかし縦さんたちがオメゴプスの化石のどこを探しても、オウムガイ類の〝歯形〟をみつけられませんでした。

また、このオウムガイ類がオメゴプスを食べたのであれば、頭部と胸部、尾部などと、からだのさかい目できれいに分かれていることも〝変〟です。

そこで縦さんたちは、オメゴプスは「生きたオウムガイ類」の殻の内部にいたのではなく、「死んだオウムガイ類」の殻の中にいたと考えました。

死んだオウムガイ類は、筋肉や内臓などが分解され、殻の内部は空洞となります。

オメゴプスは殻の中に侵入し、そこで脱皮をしていたのではないか。

ここなら
あんぜんだっ

◀もしかしたら、仲間たちにこのかくれ家を伝えていたかもしれない。

脱皮……つまり、自分自身で決まった形に殻を割ったからこそ、化石は頭部、胸部、尾部にきれいに分かれているのではないか。

縦さんたちはそう考えました。

硬い殻をもつ三葉虫類であっても、脱皮をしたばかりのときの殻はやわらかく、無防備でした。他の動物たちにとって、格好の獲物だったことでしょう。

とくに、この化石が発見された時代は、魚があごを発達させ、強くなってきた時代でした。

オメゴプスは、そうした〝無防備の時期〟を、オウムガイ類の殻の中ですごし、狩人たちから身を隠していたと考えられています。

またこの化石では、少なくとも7匹分のオメゴプスの化石がオウムガイ類の殻の中からみつかっています。

縦さんたちは、オメゴプスが仲間内で、この〝安全地帯〟を使って生き残るための戦略を共有していた可能性がある、とも考えています。

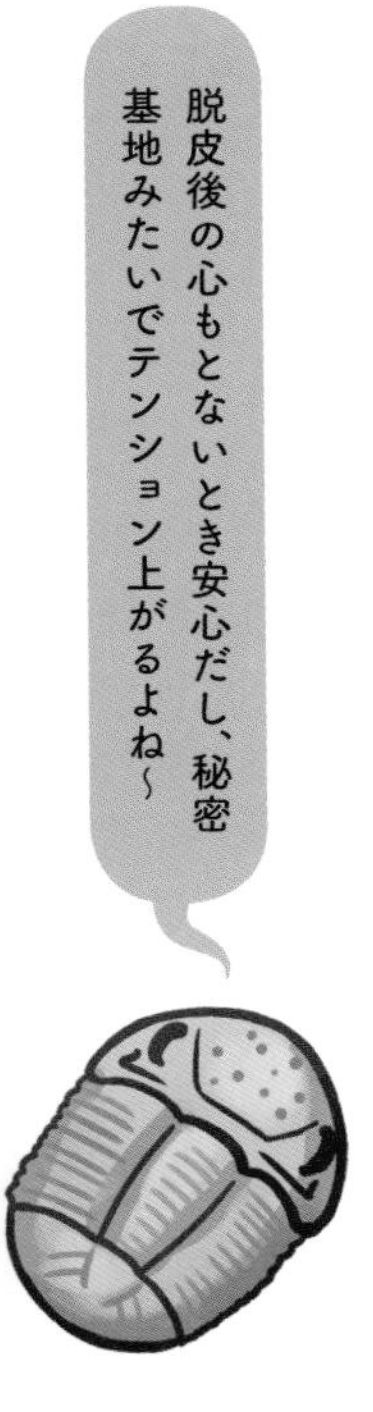
脱皮後の心もとないとき安心だし、秘密
基地みたいでテンション上がるよね～

NOW SHOWING
ウミ・サソリ
MBA 863
狂蠍スリモニア
意外に柔軟だったウミサソリのおはなし

魚の前の覇者!!

現在の海では、生態系の上位に魚の仲間が君臨しています。

しかし、魚が力をつけるより前の時代の海では、さまざまな無脊椎動物が魚よりも〝強い存在〟でした。

古生代オルドビス紀（約4億8500万年前〜約4億4400万年前）に登場した「ウミサソリ類」もそんな〝強い存在〟の一つでした。

ウミサソリ類には250種ほどが属していて、その名前が示唆するように、現在の「サソリ類」に近縁のグループです。ただし、ウミサソリという言葉が示す通り、水の中で生きたグループでした。

その姿はサソリ類によく似ていて、からだは頭部のある「頭胸部」、いわゆる腹部にあたる「前腹部」、そして尾部に相当する「後腹部」に分けることができます。

頭胸部の下に6対12本の足があり、後腹部の先端は種によって剣のようになっているものもいれば、団扇《うちわ》のように平たくなっている種もいました。全長は十数センチメートルの種もいれば、2メートル前後の種もいました。

また、海中を泳ぎ回ることが得意な種と、海底を歩き回る種がいるとみられています。

ウミサソリ類はどのように泳いでいたのでしょうか？

ウミサソリ類やサソリ類が属する節足動物には、水中を泳ぐエビ類がいます。その泳ぎ方は足を使うことを基本とし、非常時にはからだを勢いよく腹側に曲げます。

ウミサソリ類で海中を泳ぎ回ることが得意とみられる種は、6対の足のうち、の1対の先端がオールのように平たく広くなっています。この〝オール〟を使いながら、エビ類と同じように後腹部を上下にうねらせて泳いでいた。

暗黙のうちに多くの人々がそう考えていました。

上下だけじゃなく左右にも動く！

ウミサソリ類のからだは上下方向に動く。

その〝常識〟に一石を投じる化石が、アルバータ大学（カナダ）に所属するW・スコット・パーソンスさんとジョン・アコーンさんによって発表されました。

それは、「スリモニア・アクミナタ（*Slimonia acuminata*）」と呼ばれるウミサソリ類の新たな化石でした。

スリモニアは、全長90センチメートルほどで、頭部が四角い遊泳型のウミサソリ類です。後腹部の先端は縁にギザギザのある団扇のように広がりつつも、その先に鋭いトゲが1本のびていました。

意外に柔軟だった
ウミサソリ

3!2!1!
カンカンカーン
必殺ウミサソリ固め!
決まったァ!!

◀水平方向にも体を曲げられたウミサソリ。このように獲物をとらえていたのだろうか。

パーソンスさんとアコーンさんが発表したスリモニアの標本は、「MB.A 863」と番号がつけられたもの。

それは後腹部がぐっと水平方向に曲がり、先端のトゲが完全に正面を向いていたのです。

2人はこの標本を詳しく分析し、スリモニアは後腹部を水平方向にかなり柔軟に曲げることができたと指摘しました。

獲物を足で押さえつつ、トゲや団扇状部分にあるギザギザで攻撃していたというのです。

これまでウミサソリ類のからだは「上下方向に動くもの」という考えが主流で、「水平方向に動く」と考えられたことはほとんどありませんでした。

しかし、この化石の発見によって、ウミサソリ類全体に新たな可能性が見えたことになります。

私たちの〝思い込み〟で定説化していたものに新たな化石の発見で新解釈が加わる。

これもまた古生物学の楽しさの一つであるといえます。

先入観を捨てるっていうのは、なかなか難しいんじゃ。
ワシの化石から新しい発見をした研究者に、拍手!

NOW SHOWING
目的地《ゴール》は 流木《ふね》が知っている
いつか終わる旅
主演 セイロクリヌス
丸太とともに旅したセイロクリヌスのおはなし

INTERVIEW

花のようなかれんな姿のセイロクリヌス氏。「わたしは絶滅しましたが、今もウミユリは生息していますよ。生きた化石なんて呼ばれてます」

ちょっと変わった場所にいたウミユリ

ウミユリ類、という動物のグループがあります。

「ユリ（百合）」という名前がついており、まるで植物のような姿をしていますが、あくまでも「動物のグループ」です。

ウニ類やヒトデ類をふくむ「棘皮動物《きょくひどうぶつ》」というグループに属しています。

ドイツのホルツマーデンにある中生代ジュラ紀前期末期（約1億8000万年前）の地層から化石がみつかる「セイロクリヌス（*Seirocrinus*）」もウミユリの一つです。

セイロクリヌスは、細く長い茎、小さな萼《がく》、たくさんの細い腕をもつ、「典型的なウミユリ」ともいえる姿をしていました。

現在のウミユリ類は深い海に生息するものばかりですが、過去にはさまざまな水深にたくさんのウミユリ類がいました。

多くのウミユリ類は、海底の岩やサンゴ、カイメンなどの硬いものにはりついて、そこから上に向かって茎をのばし、その先に萼があり、たくさんの腕をまるで花びらのように広げていました。種によって、萼の形や腕の形、数などにちがいがあります。こうした過去のウミユリ類の中には、変わった状態で化石がみつかるものがいくつかあります。

セイロクリヌスもその一つ。姿は典型的でも、化石の状態は典型的ではありませんでした。セイロクリヌスの化石の多くは、丸太の化石に密着してみつかるのです。しかも多くの場合で、丸太の両端近くに茎の端がくっついていました。

丸太の大きさはさまざま。長いものでは、18メートルもの長さがありました。丸太にくっついているセイロクリヌスの数もさまざまで、1本の丸太に約280個体もくっついている例もありました。

たくさんくっついていた場合ほど、それらのセイロクリヌスは丸太のまわりに不規則に倒れている傾向があるようです。なぜ、それほどまでに、セイロクリヌスの化石は丸太とともにみつかるのでしょうか？

丸太とともに旅をする

ドイツ地質学古生物学研究所のR・ハウデさんは、1980年に刊行された『Echinoderms: Present and Past』という本の中で、セイロクリヌスは他のウミユリ類のように海底でからだを固定していたのではなく、海に浮かぶ丸太にはりついて、丸太とともに海流に乗って旅していたのではないか、という考えを発表しています。

セイロクリヌスの多くは、丸太の両端近くに集まっていました。浮いている丸太は、水の流れを受けて左右に揺れます。このとき、丸太の中心よりも左右の

丸太とともに旅した
セイロクリヌス

▼旅の終わり、それは即ち死……。抗うことはできないのだ。

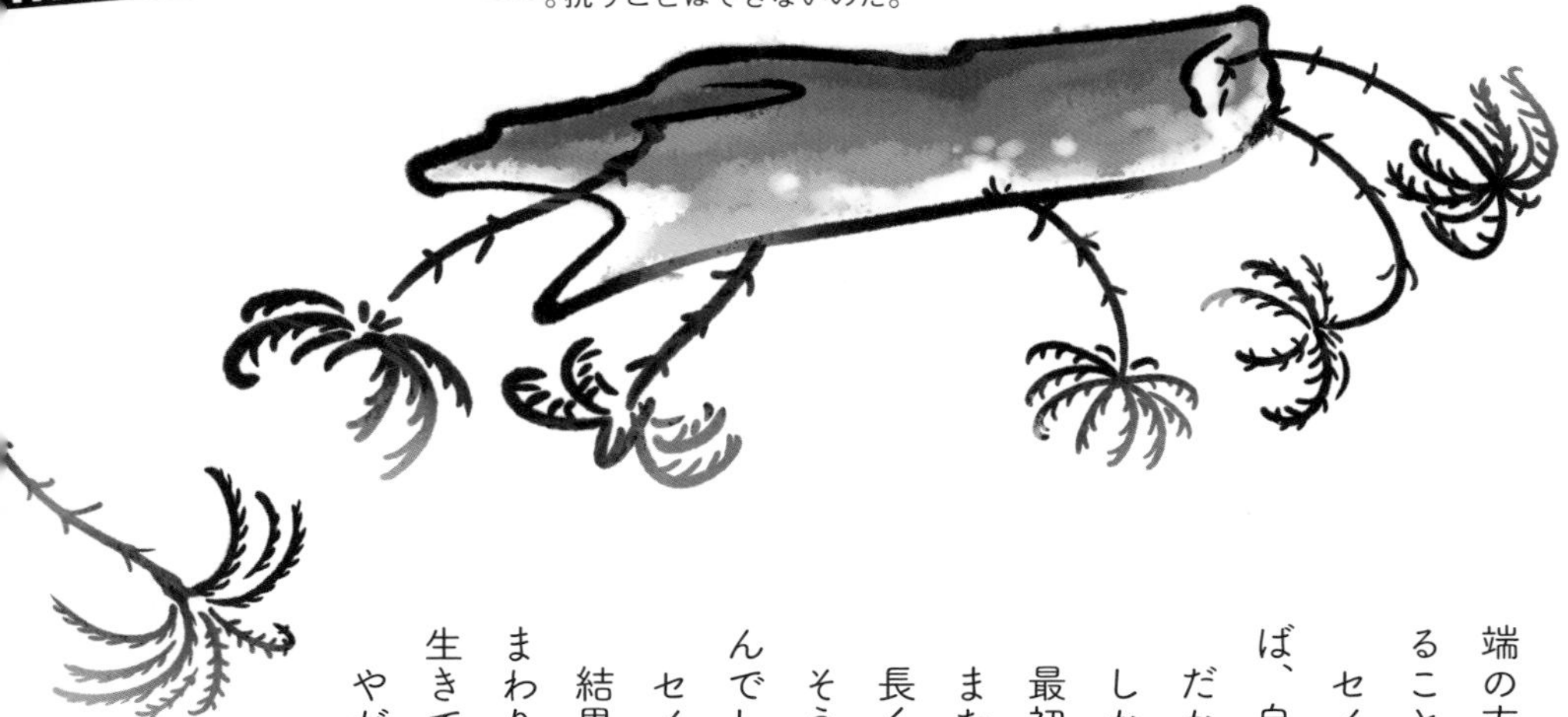

端の方が大きく揺れます。両端にくっつけば、セイロクリヌスも大きく揺れることになります。

セイロクリヌスの主食は海中に浮かぶ有機物。丸太が大きく揺れてくれれば、自分自身が動かなくても、広い範囲の有機物を捕まえることができます。だから丸太の左右の端にくっついていたのではないか、というわけです。

しかし、セイロクリヌスの旅は、永遠に続けることはできませんでした。

最初のころは小さくても、やがて成長し、大きくなり、重くなります。

また、丸太にくっつく旅人は、セイロクリヌスだけではありません。長く浮いているものほど、二枚貝類など、多くの生き物がくっつきます。

そうして、しだいに重くなった丸太は、浮力を保っていられなくなり、沈んでしまいます。

セイロクリヌスの細い茎は、海底から自立することには向いていません。

結果として、海底に沈んだ丸太から〝起き上がる〟ことはできず、丸太のまわりにしおれるように倒れてしまったと考えられています。その状態で、生きていくために十分な量の有機物をとることはできなかったでしょう。

やがて彼らはそのまま化石となっていったと考えられています。

旅をすれば、たくさん食べられる。たくさん食べると成長して沈む。なんともはや……。

NOW SHOWING
あなたが欲しいの、骨の髄まで
死のくちづけ
主演 アースロアカンサ
ウミユリとともに化石になった巻貝のおはなし

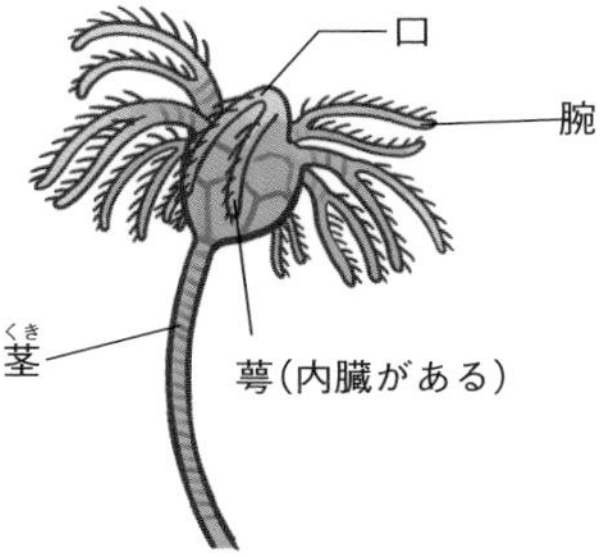

▶ウミユリ類のからだのつくり。

くっついた巻貝、その恐るべき目的

アメリカに分布する古生代デボン紀（約4億1900万年前〜約3億5900万年前）の地層から化石が発見される「アースロアカンサ（*Arthroacantha*）」などのウミユリ類の化石には、萼《がく》の上面に巻貝の化石がぴったりとくっついていることがあります。

なぜ、ウミユリ類の萼に巻貝の化石がくっついているのでしょうか？

謎の答えを探るには、ウミユリ類のからだのつくりを知る必要があります。

いくら植物に似ているといっても、ウミユリ類は動物です。動物であるということは、何かを「食べる」必要があります。

ウミユリ類の主食は、海中を漂う微小な有機物です。腕で有機物を捕まえ、腕についている小さな毛のような構造で、萼の上面へ送ります。

ウミユリ類の内臓は、萼の中にあり、萼の上面には口があります。腕から送られてきた有機物は、その口から萼の中へと取り込まれるのです。

……ということは、巻貝はウミユリ類の口にくっついていたのでしょうか？

どうもちがうようです。

口があるということは、食べたものを排出する肛門もあります。ウミユリ類の場合、その肛

◀巻貝に寄生されたウミユリは、他のウミユリより小さかった。

門は口と並んで萼の上面にあるのです。

巻貝の目当ては、ウミユリ類の糞《ふん》とみられています。肛門にぴったりとつくことで、排出される糞を余すところなく食べていたのではないか、というわけです。

ウミユリ類にとって、巻貝は自分が排出した糞を食べるだけの存在なのでしょうか？　……もしもそうなら、あまり迷惑な存在ではないかもしれません。

しかし、話はそう単純なものではないようです。

栄養を奪っていた!?

ミシガン大学（アメリカ）に所属するトマシュ・K・バウミラーさんと、フォレスト・J・ガーンさんは、2002年にアースロアカンサをはじめとする数種のウミユリの化石と、そこにくっついた巻貝の化石の関係を調べた研究を発表しています。

その研究によると、ウミユリの肛門にはりつくことで巻貝は糞だけではなく、消化管などの内臓にも〝手が届く〟状態にあったようです。そして巻貝は取り付いたウミユリの栄養分を直接抜き取っていたのではないか、というのです。

実際に、巻貝がくっついた「プラティクリニテス（*Platycrinites*）」というウミユリの平均的な大きさは、巻貝がくっついていないプラティクリニテスの平均的な大きさよりも小さいことが指摘されています。

栄養が巻貝にとられた結果、そのウミユリは大きく成長することができなかった、というわけです。

バウミラーさんとガーンさんは、ウミユリは巻貝に寄生されており、萼にくっついて発見される巻貝の化石は、まさに寄生中のものであったとみています。

なお、巻貝は実は恐るべき狩人《かりうど》で、取り付いた相手の殻などを溶かしたり削ったりして、その内臓を食べることもあります。現在の二枚貝の殻などにもそうした痕跡が確認されていますし、ウミユリ類やその近縁のグループにも同じような痕跡が確認されています。

一方、ウミユリ類もやられてばかりではありませんでした。

中には、「アナルチューブ」と呼ばれるチューブ状構造を萼の上面からのばし、萼から遠く離れた場所に肛門をもつ種もいました。

進化によって、こうした〝巻貝対策のつくり〟をもった種もいたのです。

巻貝さんとの攻防の中で、こんな肛門をもつ種も出現しました。進化って、おもしろいですよね。

NOW SHOWING

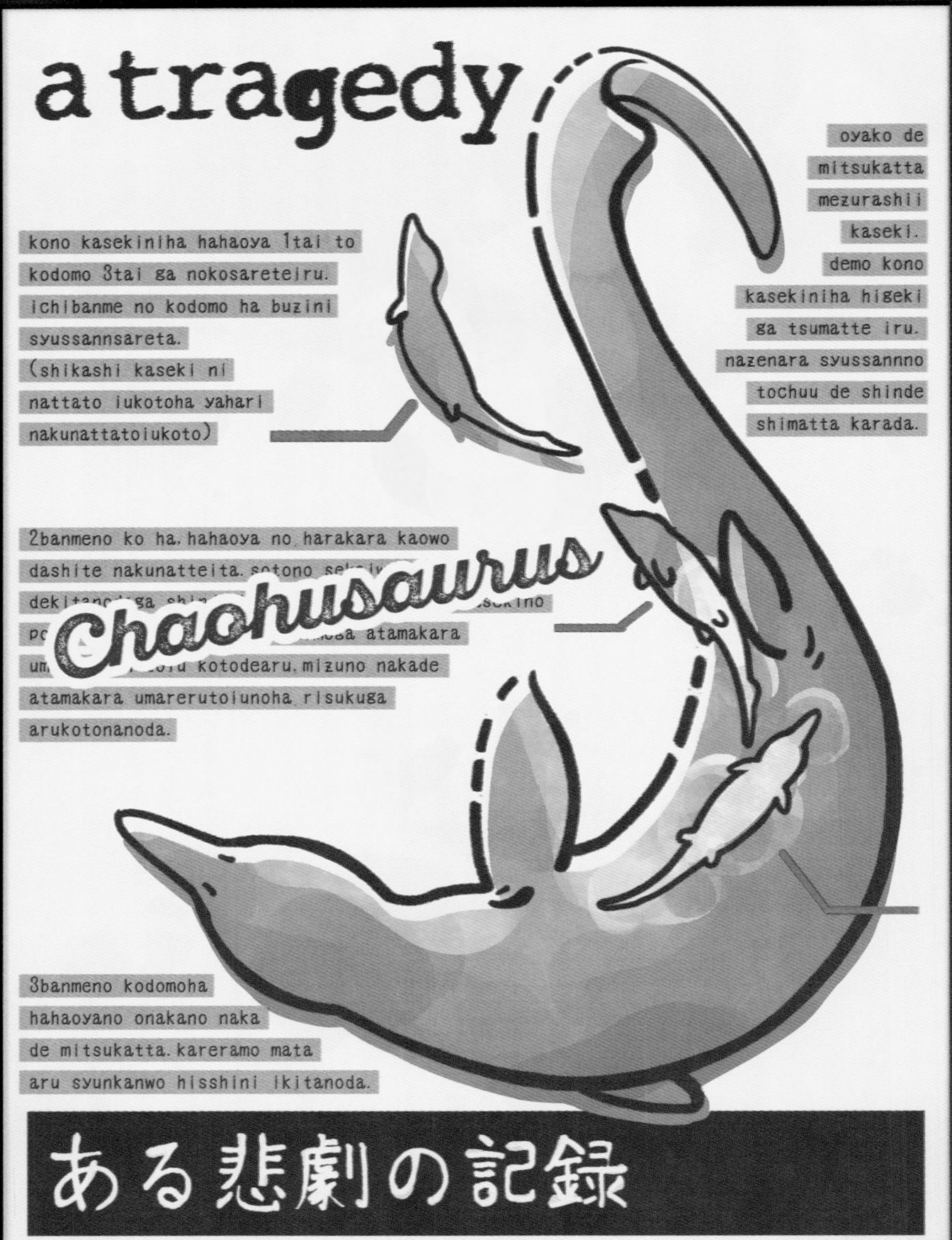
a tragedy
oyako de mitsukatta mezurashii kaseki. demo kono kasekiniha higeki ga tsumatte iru. nazenara syussannno tochuu de shinde shimatta karada.
kono kasekiniha hahaoya 1tai to kodomo 3tai ga nokosareteiru.
ichibanme no kodomo ha buzini syussannsareta.
(shikashi kaseki ni nattato iukotoha yahari nakunattatoiukoto)
2banmeno ko ha.hahaoya no harakara kaowo
dashite nakunatteita.
atamakara
kotodearu.mizuno nakade
atamakara umarerutoiunoha risukuga arukotonanoda.
Chaohusaurus
3banmeno kodomoha hahaoyano onakano naka de mitsukatta.kareramo mata aru syunkanwo hisshini ikitanoda.
ある悲劇の記録

母子で化石になったチャオフサウルスのおはなし

INTERVIEW

魚竜類の進化型のステノプテリギウス氏。「ぼくら魚竜類は滅びたけれど、今もいるイルカさんたちは、ちがう種なのに、ぼくらに似た姿に進化したよ」

悲劇は記録された

化石は、悲劇によって残されたものがほとんどです。

突然の死によって、生きていたときの姿がそのまま地層中に保存され、そして、古生物の生態を探る大きなヒントとなって、私たちの前に現れるのです。

悲劇を物語る化石の中には、思わず手を合わせ、その冥福を祈りたくなるものも少なくありません。

カリフォルニア大学デイヴィス校（アメリカ）の藻《も》谷《たに》亮《りょう》介《すけ》さんたちが2014年に報告した魚竜類、「チャオフサウルス（*Chaohusaurus*）」の化石も、そうしたものの一つといえるでしょう。

魚竜類は今から約2億4800万年前（古生代三畳紀初期）に出現し、その後、1億5000万年以上にわたって世界中の海で繁栄しました。卵ではなく、子を直接産む「胎生」であったことがわかっています。

チャオフサウルスは、三畳紀初期に出現した世界最古級の魚竜類の一つです。

全長60センチメートルほどで、藻谷さんの表現を借りると「鰭《ひれ》脚《あし》の生えたトカゲ」という姿をしています。

〝悲劇のチャオフサウルス〟の化石は、中国で発見されたもので、腰の部分が残された標本でした。

そして、その腰の部分から、胎児がからだの外に向かってひょっこりと頭を出していたのです。

また、からだの中にはもう1体分の胎児もあり、そして近くにはほとんど同じ大きさの幼体（子ども）の化石も発見されています。

つまり、この母チャオフサウルスは、最初の子を産んだものの、その子はほどなく死亡。2番目の子は難産で母子ともに死亡。3番目の子は外の世界を見ることなく、母の胎内で死亡したものと考えられています。

約2億4800万年前の母子に冥福を祈りたいと思います。

悲劇が語ること

チャオフサウルスの母子の化石は悲劇ではありますが、魚竜類の進化についての重要な情報をもたらしてくれます。

チャオフサウルスの出産形式が「子を頭から外に出す」というものだった、ということです。

一般に、水中で子を産む哺乳類や爬虫類《はちゅうるい》は、子の頭を最後に母体の外に出します。

なぜなら、哺乳類や爬虫類は陸上種・水棲《すいせい》種に限らず、空気呼吸をするからです。

母子で化石になった チャオフサウルス

▶命が生まれる瞬間に死を迎えたこの母子に哀悼の意を表したい。

母体の中にいるうちは問題ありませんが、母体の外に出たら自分の力で呼吸をしなければいけません。

水中で出産する場合、頭を先に出して、もしも出産に時間がかかったら、その子は空気を吸うことができず、窒息してしまいます。「頭から出産」という方法は、水中で暮らす哺乳類や爬虫類にとって、とてもリスクの高いことなのです。

チャオフサウルスの場合、母体から顔を出している子だけしか残されていなければ、その子が「偶然の逆子」だった可能性もあります。

しかし藻谷さんたちは、胎内に残された子も同じように頭を外に向けていることに注目し、「偶然の逆子」だった可能性は低いと指摘しています。

進化した魚竜類は、子を尾から先に母体に出すことが知られています。

すべての爬虫類は、もともとは陸上種を祖先としていたと考えられています。魚竜類は、進化の結果として海洋進出したグループです。

初期の魚竜類であるチャオフサウルスの〝悲劇〟の化石は、彼女たちにまだ「頭から出産」という、陸上生活の名残りがあったことを意味しているのです。

わが子の成長は見られなかった……。でも、だからこそ進化の歴史をひもとく重要な証拠になったの。

主演 カブトガニ
DEATH MARCH
死の行進
その海にあるのは
孤独だけだった——
海底で孤独に息絶えたカブトガニのおはなし

足跡とともに残った奇妙なカブトガニ

動物の足跡が化石となることがあります。

ただし、その足跡を残した〝主〟がわかることはとてもめずらしいことです。

足跡の形から、ある程度の種類まで特定することはできますが、どの個体かまで特定するのは難しいのです。そもそも、足跡を残した個体も化石になって残っているとは限りません。

しかし、ドイツのゾルンホーフェン地域の約1億5000万年前（中生代ジュラ紀後期）の地層には、足跡とその〝主〟のカブトガニの化石がセットで残っていることが多々あるのです。


そもそも、骨や殻などの硬い組織と比べて、足跡は化石に残りにくいもの。他の動物に踏みつけられたり、強い風雨にあたったりすることによって、足跡は簡単に崩れてしまいます。

それでも足跡の化石が地層中に残っている理由は、その数によるもの。

動物の1個体が死んで残るからだの化石は、当然1個体分です。でも、その1個体は、生きている間に無数の足跡を残します。

下手な鉄砲、数打ちゃ当たる。そんなことわざがあります。

まさに、足跡化石はこのことわざ通り。とてもたくさんの数があるので、そのうちのほんの一部でも、化石に残るものが出てくるのです。

それでも、足跡と動物のからだが化石になるメカニズムはちがいます。たくさんの足跡化石とそれを残したたった1個体の動物の化石がセットで発見されることはほとんどありません。ですから、2012年に、ドンカスター博物館（イギリス）のディーン・R・ロマックスさんと、ワイオミング・ダイナソー・センター（アメリカ）のクリストファー・A・ラカイさんが報告したカブトガニとその足跡の化石はとてもめずらしいものなのです。くねくねと曲がった9・6メートルもの足跡と、その先に、全長12・7センチメートルのカブトガニ本体の化石が残っていたのです。

それは、苦しみながら這ったあとだった……

ゾルンホーフェン地域の地層は、約1億5000万年前の海底でできたとみられています。ただし、そこは〝ちょっと特殊な海底〟でした。サンゴなどで囲まれていて、とても塩っ辛く、そしてとくに海底付近の海水には酸素がほとんど溶け込んでいませんでした。塩辛く、酸素がほとんどない海では、生物は生きていけません。つまり、かつてのゾルンホーフェン地域は、〝死の海〟だったのです。

死の海ですから、カブトガニたちはそこに最初から棲《す》んでいたわけではありません。たとえば嵐などがやってきたときに、サンゴなどの外側にある〝普通の海〟から、高波などで運ばれてきたと考えられています。

海底で孤独に
息絶えたカブトガニ

▲そのときは急にやってくる。かくしてカブトガニは死の海へ引きずりこまれた。

9・6メートルの足跡の端には、「背中のあと」と「もがいたあと」を見ることができます。つまり、このカブトガニは背中から死の海の海底に落ちて、もがき、からだを起こしたのです。

カブトガニは、酸素がなくても少しの間は生きることができます。死の海の海底に落ちてきたこのカブトガニは、その後、出口を求めて歩き回りました。ときに90度の方向転換をし、ときに休息をしていたことが足跡の分析から明らかになっています。

しかし結局、死の海から脱出することはできず、9・6メートルほど移動した足跡を残して死んでしまいました。

〝普通の海〟であれば、死骸は分解され、足跡も消えていきます。しかし、死の海では、死骸を分解する微生物さえいません。足跡を消すような海底を歩き回る動物もほとんどいないのです。そのため、死骸も足跡も地層に保存されたのです。

こうした、足跡とそれを残した動物がセットとなった化石は「死の行進」とも呼ばれ、その動物の最期の奮闘を物語るものとして注目されています。

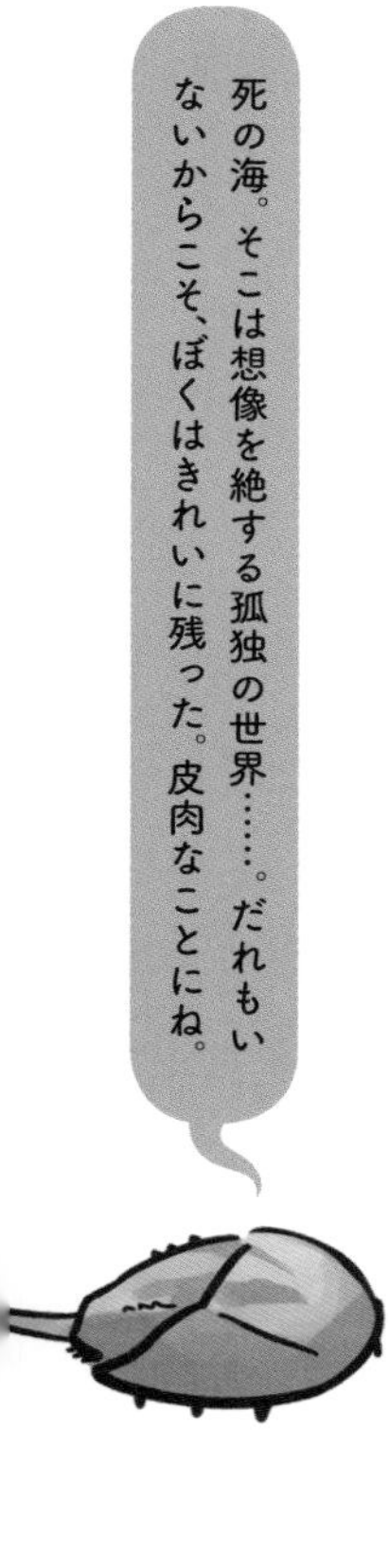
死の海。そこは想像を絶する孤独の世界……。だれもいないからこそ、ぼくはきれいに残った。皮肉なことにね。

サメに襲われた フタバスズキリュウのおはなし

INTERVIEW

主演のフタバサウルス氏。「やっぱりぼくらって、ドラえもんさんのおかげで、めっちゃよく知られてるんですよ。ぼくがきっかけで、古生物に興味をもった読者の方もいるのでは？」

日本を代表するクビナガリュウ類

1968年、福島県を流れる大久川《おおひさがわ》の河岸から、あるクビナガリュウ類の化石が見つかりました。

このクビナガリュウ類は、やがて「フタバスズキリュウ」と呼ばれるようになります。「フタバ」は発見された地層である「双葉層群」に由来するもので、「スズキ」は、発見者の鈴《すず》木《き》直《ただし》さんにちなみます。双葉層群は、白亜紀につくられた地層です。

その後、フタバスズキリュウは長い研究期間を経て、2006年に新種と認められ、「フタバサウルス・スズキイ（*Futabasaurus suzukii*）」と学名がつけられます。

そんなフタバサウルスは発見当初から、80個以上のサメの歯化石とともに発見されていることが注目されていました。

骨に突き刺さったまま残されている歯化石も多く、当初からフタバサウルスはサメに襲われたものとみられていました。

「フタバスズキリュウ」は、発見当時からその名が多くの注目を集めました。その中でも、1980年に公開されたアニメ映画『ドラえもん　のび太の恐竜』に登場する「ピー助」のモデルとなったことで、日本を代表する古生物の地位を確立したといえるでしょう。

▲サメに襲われるフタバスズキリュウ。このときまだ息があったか、定かではない。

『ドラえもん　のび太の恐竜』は、2006年にリメイク版が公開され、幅広い世代にフタバスズキリュウの名が知られることに一役買いました。

生前の襲撃か、死体漁りか。それが問題だ

デポール大学（アメリカ）の島田賢舟《しまだけんしゅう》さんたちは、フタバサウルスとともにみつかるサメの歯化石を分析した研究を2010年に発表しています。

この歯化石を残したサメが「クレタラムナ（*Cretalamna*）」という種であると島田さんたちは、特定しました。

クレタラムナは、現在でいえばホホジロザメなどが属するネズミザメの仲間とみられています。推定されている全長は2・3〜3・0メートルほどです。

フタバサウルスとともにみつかったクレタラムナの歯化石の大きさは、小さなものでは8ミリメートルほど、大きなものでは27ミリメートルほどとその差は3倍以上もありました。

一つの個体で、ここまでサイズの異なる歯をもつとは考えにくいため、島田さんたちは、当時、フタバサウルスは6〜7匹のクレタラムナに襲わ

れたものと分析しています。

また、フタバサウルスに残されたクレタラムナの噛《か》みあとには、治癒したものが一つもありませんでした。

このことからクレタラムナが死んだフタバサウルスを襲った可能性が高いとも指摘されました。

もしも、生きているフタバサウルスが6～7匹のクレタラムナに襲われたのであれば、同時に襲撃されたとは考えにくく、数度にわたる攻撃があったと考える方が自然です。

その場合、最初の数匹の襲撃からは逃げのびて、その間に傷口が治癒したはず。

しかしそうした治癒の痕跡がみられなかったため、すでにフタバサウルスが死んでいた可能性が高いというわけです。

フタバサウルスの直接の死因はまだわかっていません。

死体は、海底の地層に完全に埋まるまで数か月が必要だったとみられており、その間に複数のクレタラムナに荒らされ、その際にクレタラムナの歯がぬけて（サメの歯は比較的簡単にぬけます）、ともに化石になったと考えられています。

フタバサウルスの化石がどのような状況で発見され、また、クレタラムナの歯がどのように残っていたのかについては、東京の国立科学博物館の常設展示で見ることができます。

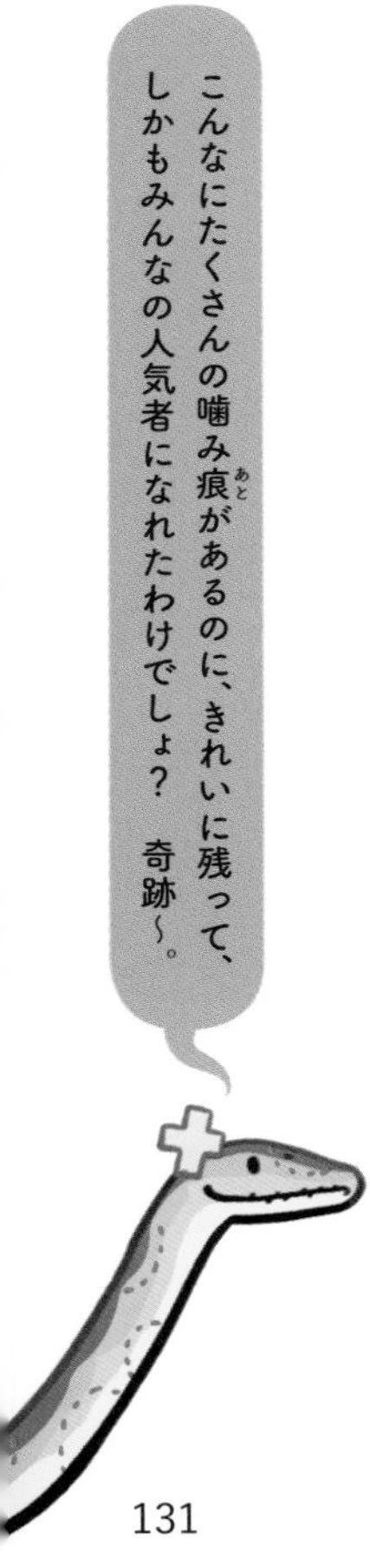
こんなにたくさんの噛み痕《あと》があるのに、きれいに残って、しかもみんなの人気者になれたわけでしょ？　奇跡～。

NOW SHOWING
ウエスタン インテリア シーの
むかしばなし
よくばり
しふぁくちぬす
主演
シファクチヌス
大きな獲物を飲んだシファクチヌスのおはなし

恐竜時代の恐るべき魚

中生代白亜紀（約1億4500万年前〜約6600万年前）は、海水準が高い時代でした。北アメリカ大陸も、広い範囲で、陸地が海の下に沈んでいました。最も海水準が高かった時期には、南のカリブ海から北の北極海までつながる海ができあがり、北アメリカ大陸は西と東に分かれていました。

北アメリカ大陸を東西に分けたこの海は、「ウエスタン・インテリア・シー（Western Interior Sea）」と呼ばれています。南北は約6000キロメートルに達しながら、東西は約1500キロメートルほどという細長い海です。

ウエスタン・インテリア・シーは、とても豊かな海でした。アンモナイト類や、大型のカメ類が暮らし、モササウルス類と呼ばれる大型の海棲爬虫類《かいせいはちゅうるい》やサメ類も泳いでいました。魚もたくさんいました。

その中でも、全長5・5メートル以上に成長したとされる「シファクチヌス（*Xiphactinus*）」は、ウエスタン・インテリア・シーを代表する魚としてよく知られています。

シファクチヌスは、一度見たら忘れられないような顔つきです。あごが妙にしゃくれており、そこに鋭く大きな歯がたくさん並んでいるのです。

◀飲みこまれていたギリクス氏。「自分、結構大きな個体だから、『え？ まじ？ うちのこと飲みこむん？』って、あせりましたよね」。

シファクチヌスは、ウエスタン・インテリア・シーにおいて、サメ類と並ぶ恐ろしい狩人《かりうど》だったとみられています。生態系の頂点を争うような、そんな魚だったのです。

そんな〝強い魚〟であるシファクチヌスですが、どうやらかなり〝慌てん坊の個体〟がいたようです。

自分の半分の大きさの獲物を豪快に丸飲み！

ウエスタン・インテリア・シーについては、スタンバーグ自然史博物館（アメリカ）のマイケル・J・エヴァーハートさんの著書『OCEANS OF KANSAS』に詳しく書かれています。ここでは、2017年に刊行されたその第2版を参考に話を進めましょう。

この本の中で、「有名な標本」として紹介されているシファクチヌスの化石があります。「FHSM VP-333」と番号がつけられたその標本は、全長4メートルほどで、全身がきれいに残っていました。

そして、そのシファクチヌスの化石の腹部に、近縁種でよく似た姿をした「ギリクス（*Gillicus*）」の化石が丸ごと入っていました。

このギリクスの大きさは実に2メートル。

つまり、このシファクチヌスは、自分の半分ほどの大きさのギリクスを丸ごと飲み込んだまま死んで、化石になったのでした。

大きな獲物を飲んだ
シファクチヌス

▲ギリクスを丸のみに。しかし、これが最後の晩餐《ばんさん》となってしまった……。

ギリクスには、消化された痕跡がみつかりませんでした。つまり、シファクチヌスはギリクスを飲み込んで、ほどなく死んだのです。消化をはじめることもできないくらい短時間に。

エヴァーハートさんは、丸のみされた大きなギリクスがシファクチヌスの腹の中で暴れた可能性を指摘しています。

それにより、シファクチヌスのエラや血管、あるいは重要な内臓が傷つけられてしまったのではないか、というわけです。

自分の半分ほどの獲物をのみこんだシファクチヌスが迂闊《うかつ》だったといえるでしょう。大きな獲物を狙ったばかりに、彼は死んでしまったのです。

こうした「魚の中に魚がいる化石標本」は、シファクチヌスだけではなく、魚の化石には時々みられるもので、獲物をくわえたまま死んだ（のみこめずに死んだ）ものもあります。

どこの世界でも、「欲張るとろくなことがない」ということでしょうか。

ウエスタン・インテリア・シーのならず者だったオレ。
これくらいならいけるって、思ったんだけどな……。

NO[redacted]NG
Real Swimmy
五千万年の時を経て
私たちの前にあらわれた
絵本のような、本当のおはなし。
Erismatopterus levatus
魚のおはな

密集する小魚たち

「密集した化石」は、たくさん発見されています。

脊椎動物の骨の化石が密集する層として「ボーンベッド」、貝殻化石が密集する層として「シェルベッド」という言葉があるほど、「化石の密集」というものはめずらしくはありません。

そんな「密集した化石」の中に、レオ＝レオニさんの絵本『スイミー』（好学社刊行）にそっくりな状態のものがあります。小魚が密集していたのです。


アメリカ中西部に「グリーンリバー層」と呼ばれる約5500万年前〜約3300万年前（新生代古第三紀暁新世後期〜始新世後期）の地層があります。グリーンリバー層は、淡水性の湖でできた地層で、大小さまざまな種類の魚の化石が産出することで有名です。

そうした魚の化石の中に、「エリスマトプテルス・レヴァトゥス（*Erismatopterus levatus*）」と呼ばれる小魚があります。

1匹でもみつかることがありますが、密集した化石も発見されています。

そうした密集化石の中でも、「FPDM-V8206」と番号がつけられた約5000万年前の標本には、実に259匹ものエリスマトプテルスが集まってスイミーとそっくりの群れをつくっていました。

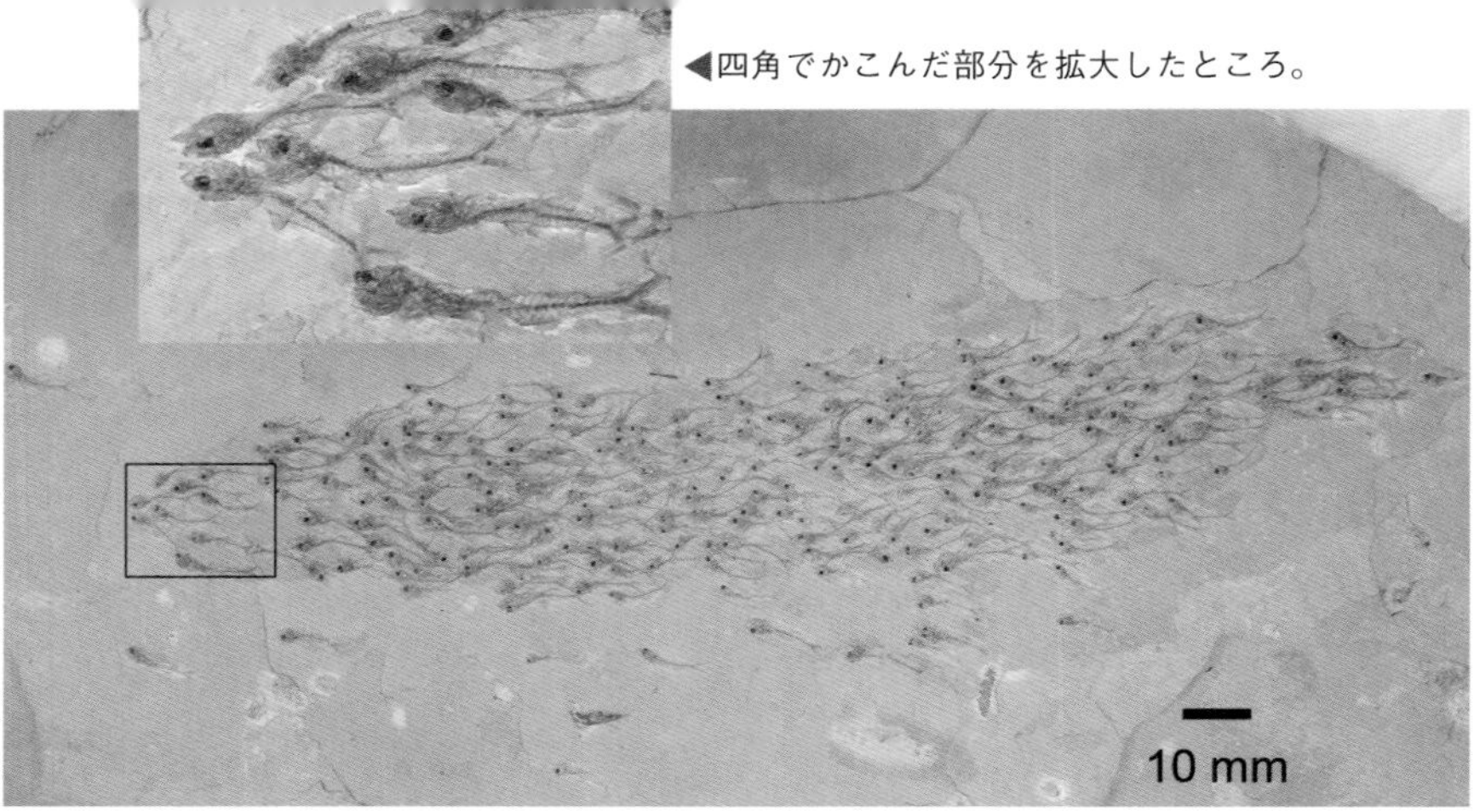

◀四角でかこんだ部分を拡大したところ。

▲化石の実物。群れをつくっているようすがわかる。

（Photo:Nobuaki Mizumoto, Shinya Miyata and Stephen C. Pratt. "Inferring collective behaviour from a fossilized fish shoal." Proceedings of the Royal Society B 286.1903 (2019): 20190891）

5000万年前の〝スイミー〟

密集した化石として発見された生物が、生きていたときも密集していた……つまり、群れをつくっていたのかといえば、必ずしもそうではありません。

離れていた場所で暮らした個体が、たとえば、大規模な洪水などで1か所に運ばれてそこで集団死してしまったり、あるいは、離れた場所で死んで骨となっていたものが、やはり洪水などで集められたりした可能性もあるからです。46ページで紹介した〝自然の罠《わな》〟という場合もあります。

アリゾナ州立大学（アメリカ）の水元惟暁《みずもとのぶあき》さんたちは、2019年にFPDM-V8206を詳しく調べた研究を発表しています。

水元さんたちは259匹のエリスマトプテルスの中で、離れた場所で化石となっていた2匹をのぞいた257匹について、その向きやたがいの距離などに注目しました。

研究の結果、257匹のエリスマトプテルスは、皆で同じ方向を向いて、自分たちの意思で群れをつくっていた可能性が高いことがわかりました。

つまりこれは、死んだエリスマトプテルスが集まってできたものではなく、生きていたときの群れの形が、何らかの理由でそのまま化石となったものだったのです。

　エリスマトプテルスは、成長すると全長約6・5センチメートルになります。しかし、FPDM-V8206を構成するエリスマトプテルスは、大きくても全長2・4センチメートルほど。そのため、FPDM-V8206のエリスマトプテルスは、幼体と亜成体（子どもと若者）だったのではないか、と水元さんたちは考えています。

　現在では、小魚たちは群れをつくって泳ぐ場合が多くあります。群れをつくることで、大きな集団としての〝迫力〟を出し、もしも大きな魚に襲われたとしても、数匹が犠牲になることで群れ全体としては生き延びることができます。『スイミー』は、そうした魚の群れをモチーフとした絵本ですね。

『スイミー』のような「整然とした群れをつくる」ということは、単純に「集団で暮らす」よりも難しいことです。たがいの位置関係と泳ぐ方向をしっかりと把握する必要があり、ある程度の社会性が必要とされます。

　集団で化石がみつかり、それが群れのものだったとしても、どのくらい「整然とした群れ」であったのか。社会性がどの程度だったのかは、よくわからないことがほとんどです。

　エリスマトプテルスの密集化石は、遅くとも約5000万年前には、小魚たちが整然とした群れをつくるほどの社会性をもっていた証拠になると考えられています。

大きな古生物が注目されがちだけど、ぼくらのような小さな生き物がどう生き延びていたかも、おもしろいよ！

「空を旅する月が一休みしたとき
美しい宝石が生まれる」
これは、いにしえより伝わる物語。
月のおさがり
主演 ビカリア
死して宝石を残したビカリアのおはなし

月のうんち⁉

岐阜県の南東部、瑞浪《みずなみ》市にある約1900万年前（新生代新第三紀中新世）の地層からは、「月のおさがり」というオパールや瑪瑙《めのう》をとることができます。乳白色のきれいな「宝石」です。

月のおさがりは、ちょっと変わった形をしていて、高さ10センチメートルほどのらせんをくるくると描いています。

なぜ、このような形をしていて、このような名前をつけられたのでしょうか？

「空を旅する月が一休みしたとき、ついでに用を足していった。その結果としてつくられたものが、月のおさがりである」

瑞浪市にはそうした民話が残っています。おさがりは、うんちのことです。

ちなみに、まったく同じ形をしているものの、オパールや瑪瑙のような乳白色の輝きをもたない赤色の「おさがり」もあります。

赤色のお下がりは「日のおさがり」と呼ばれています。

こちらは太陽のうんちのことです。

もちろん、実際に月や太陽がうんちをするわけはありません。月や太陽は、あくまでも、その色から連想された

▲瑞浪市で見つかったビカリア。
（Photo: 瑞浪市化石博物館）

INTERVIEW

宝石のような化石は他にも。「半分に割ると美しい構造が見られる、私も人気ですよ」とアンモライト氏。

イメージです。

では、「月のおさがり」の〝正体〟はいったい何なのでしょうか？

正体は巻貝の化石！

実は、月のおさがりも日のおさがりも、「ビカリア（*Vicarya*）」という巻貝の化石です。

世界各地から産出する化石の中には、ビカリアだけではなく、さまざまな〝宝石化〟したものがあります。「おさがり」は、そうした〝宝石化した化石〟の一つだったのです。

月のおさがりは、ビカリアの殻にオパールや瑪瑙が詰まってできたものと考えられています。

生きている巻貝は、その殻の中に内臓や筋肉などが入っています。

巻貝が死ぬと内臓や筋肉などは腐ってなくなり、殻の中が空洞になります。

そこにまず、方解石などをつくる炭酸塩の成分が入り込み、地層が固まっていく中で、その成分がオパールや瑪瑙などに置き換わったとみられています。

このとき、殻の形にあうように結晶ができたため、らせんを描くことになります。

その後、殻自体は分解されてなくなり、オパールや瑪瑙だけが残ると、月のおさがりのできあがり、というわけです。

一方、日のお下がりは、方解石がオパールや瑪瑙に置き換えられることなく、そのまま赤色化したものと考えられています。

多くの宝石化した化石に共通する特徴は、特定の産地だけでとることができるということです。

ビカリアの化石は、インドネシアやパキスタン、オーストラリアなどでもみつかります。日本でも、瑞浪市だけが化石産地というわけでありません。

ただし、瑞浪市以外で発見されるビカリアの化石は、基本的に〝普通の化石〟です。高さ10センチメートルほどで、その表面には上部から下部へいくほど大きくなる突起が並んでいます。瑞浪市産のビカリアだけが「おさがり」となっているのです。なお、瑞浪市からも、〝普通の巻貝〟のビカリア化石もみつかります。

瑞浪市の地層だけが満たす何らかの条件が、ビカリアの貝殻の中に「月のおさがり」や「日のおさがり」をつくったのです。

ちなみに、ビカリア自体は絶滅していますが、現生のキバウミニナ（*Terebralia palustris*）という巻貝が近縁とみられています。

キバウミニナは、マングローブが生育するような暖かい汽水域に生息しているため、ビカリアが棲《す》んでいた海域もかつては暖かい汽水域だったのではないか、といわれています。

ビカリアのように、過去の環境が推測できる化石のことを「示相化石」と呼びます。ビカリアは代表的な示相化石としても知られています。

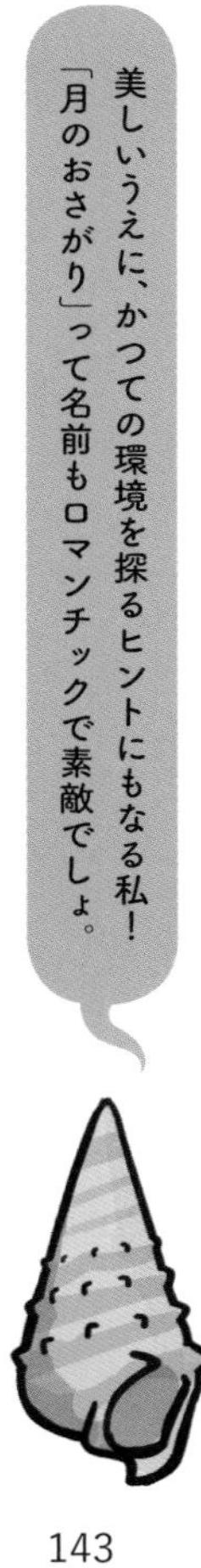
美しいうえに、かつての環境を探るヒントにもなる私！
「月のおさがり」って名前もロマンチックで素敵でしょ。

NO

進化がもたらした究極形態!? ニッポニテスのおはなし

INTERVIEW

アンモナイト日本代表のニッポニテス氏。「この複雑怪奇な巻き方で、みなさんの度肝をぬきました！」

日本を代表する古生物

「アンモナイト」といえば、古生物の定番中の定番。恐竜時代の海における〝名脇役〟です。多くの人が思い浮かべる「アンモナイト」は、ぐるぐるとらせん状に巻いた殻をもつ姿をしていることでしょう。

ぐるぐると螺旋状に巻いた殻……より正確に書けば、平面的に螺旋状に巻き、外側と内側がぴったりとくっついた殻をもつアンモナイト類は、「正常巻きアンモナイト」と呼ばれます。「正常」があれば「異常」もあります。「正常巻きではない」アンモナイト類のことを「異常巻きアンモナイト」と呼びます。

さまざまな形をした異常巻きアンモナイトの中でも、「極め付き」ともいえる存在が「ニッポニテス（*Nipponites*）」です。この名前は「日本の石」という意味です。

ニッポニテスの化石は、北海道に分布する中生代白亜紀の地層からみつかります。大きさはヒトの拳のサイズ。その殻は「ヘビがデタラメにとぐろを巻いているような」と言われるほどに複雑です。

百聞は一見にしかず。日本古生物学会のウェブサイトにある「ニッポニテス3D化石図鑑」（http://www.palaeo-soc-japan.jp/3d-ammonoids/）で、化石画像をさまざまな角度から見る

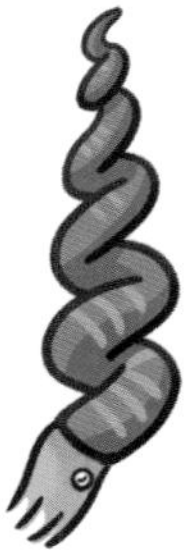

◀実はニッポニテス氏の進化と関係があった、同じ異常巻きアンモナイトのユーボストリコセラス氏。

ことができますので、ぜひ、ご覧ください。

そんなニッポニテスは、実は巻き方に規則性があり、しかも、まったく異なる姿の別の異常巻きアンモナイトから〝ちょっとした進化〟で誕生した可能性が指摘されています。

〝バネ形〟からの〝突然進化〟

ニッポニテスの進化に密接に関わるとされるアンモナイトが「ユーボストリコセラス（*Eubostrychoceras*）」です。ニッポニテスと同じく北海道から化石がみつかる異常巻きアンモナイトで、大きさはニッポニテスとほぼ同じか少し大きいくらい。その姿はニッポニテスとはずいぶんちがっていて、まるでバネのように殻がらせんを描いています。

正常巻きアンモナイトの殻の中心をもって、みょーんと上にのばすことができたとしたら、ユーボストリコセラスになりそうな、そんなアンモナイトです。

似ても似つかないユーボストリコセラスが、なぜニッポニテスに関わってくるのでしょうか？

異常巻き、正常巻きにかかわらず、すべてのアンモナイトは「曲がる」「よじれる」「太る」の3要素を変化させながら、内側から外側へと成長し、殻をつくったと考えられています。

この3要素の成長のバランスのちがいが、多様な異常巻きアンモナイトをつくりだしているのです。

1980年代、愛媛大学の岡本隆《おかもとたかし》さんがアンモナイトの研究にコンピューターシミュレーションを導入し、ニッポニテスの成長を再現することに成功しました。

コンピューターで再現できたということは、その成長に規則性があったということです。このとき使われた計算式には、いくつかの要素（パラメーター）が用いられていました。そして、ニッポニテスを再現した式のパラメーターを少し変更すると、ユーボストリコセラスの成長が再現できたのです。

「パラメーターを少し変更」ということは、自然界では〝ちょっとした進化〟に相当します。そして、ユーボストリコセラスとニッポニテスでは、ユーボストリコセラスの方が少し古いことが知られていました。

これらのことから、ニッポニテスはユーボストリコセラスが進化して誕生したと考えられています。２つの異常巻きアンモナイトをつなぐドラマチックな進化がそこにあったのです。

なお、異常巻きアンモナイトの「異常」とはあくまでも形のことです。そこには、「遺伝的な異常」や「病的な異常」といった意味はありません。「突然変異」は生物が進化する際に、ごく普通にみられることです。

ユーボストリコセラスが突然変異して誕生したニッポニテスは、その後、大いに繁栄しました。北海道からみつかるけっして少なくないその化石の数が、そのことを物語っています。

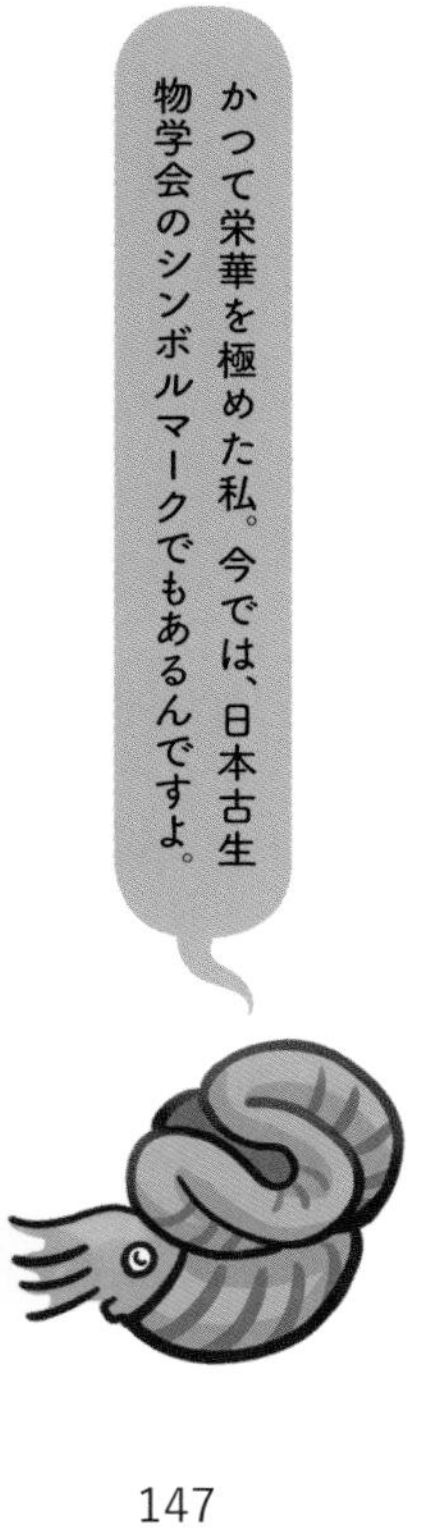
かつて栄華を極めた私。今では、日本古生物学会のシンボルマークでもあるんですよ。

column 3

化石は探せる!?

日本においては、ほとんどの場所で化石採集をするには許可が必要です。また、落石や崖崩れなどが発生しやすい化石産地も多く、きちんとした装備と知識なしで化石採集をすることはけっしておすすめできません。

「でも、気軽に化石採集をしてみたい」

そんなときには、自然史系の博物館(化石を扱っている博物館)を訪ねてみてください。

いくつかの自然史系博物館では、化石採集ができます。

敷地内に化石が出る地層がある場合もあれば、あらかじめ館が集めた岩石片を割り、化石探しをすることができる場合もあります。

他にも、化石採集のツアーやそれに類するものを行うことがあります。専門家が同行し、その指導のもとに化石採集を行うわけです。

いずれの場合でも、採集した化石を無条件に持ち帰ることができるわけではありません。発見した化石は必ず専門家に見せて、判断を仰ぎます。

なお、博物館によっては、化石採集を館のアピールポイントとしています。気になる場合は、博物館のホームページなどで確認してみると良いでしょう。

おわりに

化石から読み解かれた30のドラマ、いかがでしたでしょうか?

もとより、本書で紹介したドラマは「一つの仮説」です。

古生物学は科学の一分野。そして、科学は日進月歩で進んでいます。早ければ明日にでも、あるいは数年先、数十年先には、新しい手がかりを得て、新たな仮説《ドラマ》が発表されるかもしれません。


ドラマ性のある化石の多くは、「悲劇の結果」であるとみられています。

寿命を迎えて大往生したのではなく、何らかの〝事件〟や〝事故〟に巻き込まれ、その結果としてたまたま化石になった。

そう考えられています。

私たちは、そんな悲劇の結果を見ているのです。

ドラマ性のある化石を見て、「すごい。こんな光景が残っているの?」と感嘆すると同時に、悲劇の死を迎えた古生物たちを悼みたいと思います。


ドラマ性のある化石を見たい!

そう思われたのであれば、「産状」が展示されている博物館を訪ねて見てください。「産状」とは、「産出状況」のことです。

博物館で展示されている化石の多くは、岩から掘り出され、ときに不足分が補われた〝完全な状態〟となっています。

もちろん、そうした展示があるからこそ、古生物の姿がわかります。でも、自分自身の眼で、ドラマを感じ、推理を展開したいというのでしたら、〝産状の展示〟に注目すると良いでしょう。日本でもいくつかの博物館で、そうした展示が行われています。気になったら、博物館で訊ねてみることをお勧めします。

さらに、もっと現場で、「そうした化石に出会いたい」というのであれば、各地の大学で開講されている古生物学講座の門戸を叩いてみることも一つの手です（むしろ、「王道」です）。現場では、ドラマ性のある化石に出会う機会は少なくありません。

本書をここまでお読みいただき、皆様に感謝いたします。

古生物の世界は広大にして深淵です。化石からドラマを読み解き、味わう楽しさを感じていただけたのであれば、著者としてとても嬉しく思います。

多くのみなさんが、これからも古生物学を楽しんでいただけますように。

2020年5月　新型コロナ禍の中で皆様の健康を祈りつつ　著者

さくいん

あ

か

さ

さくいん

や

ま

もっと詳しく知りたい読者のための

参考資料

本書を執筆するにあたり、とくに参考にした主要な文献は次の通り。

※本書に登場する年代値は、とくに断りのないかぎり、International Commission on Stratigraphy, 2020/01, INTERNATIONAL STRATIGRAPHIC CHARTを使用している

《一般書籍》

『アンモナイト学』編：国立科学博物館, 著：重田康成, 2001年刊行, 東海大学出版会

『怪異古生物考』監修：荻野慎諧, 著：土屋 健, 絵：久 正人, 2018年刊行, 技術評論社

『海洋生命5億年史』監修：田中源吾, 冨田武照, 小西卓哉, 田中嘉寛, 2018年刊行, 文藝春秋

『化石になりたい』監修：前田晴良, 著：土屋 健, 2018年刊行, 技術評論社

『恐竜学入門』著：David E. Fastovsky, David B. Weishampel, 2015年刊行, 東京化学同人

『恐竜・古生物ビフォーアフター』監修：監修：群馬県立自然史博物館, 著：土屋健, 2019年刊行, イースト・プレス

『恐竜の教科書』著：ダレン・ナイシュ, ポール・バレット, 2019年刊行, 創元社

『巨大絶滅動物　マチカネワニ化石』著：小林快次, 江口太郎, 2010年刊行, 大阪大学出版会

『古第三紀・新第三紀・第四紀の生物 上巻』監修：群馬県立自然史博物館, 著：土屋健, 2016年刊行, 技術評論社

『古第三紀・新第三紀・第四紀の生物 下巻』監修：群馬県立自然史博物館, 著：土屋健, 2016年刊行, 技術評論社

『三畳紀の生物』監修：群馬県立自然史博物館, 著：土屋 健, 2015年刊行, 技術評論社

『ジュラ紀の生物』監修：群馬県立自然史博物館, 著：土屋 健, 2015年刊行, 技術評論社

『スイミー』著：レオ・レオニ, 1969年刊行, 好学社

『生命史図譜』監修：群馬県立自然史博物館, 著：土屋 健, 2017年刊行, 技術評論社論社

『白亜紀の生物　上巻』監修：群馬県立自然史博物館, 著：土屋 健, 2015年刊行, 技術評論社

『白亜紀の生物　下巻』監修：群馬県立自然史博物館, 著：土屋 健, 2015年刊行, 技術評論社

『ホルツ博士の最新恐竜事典』著：トーマス・R・ホルツ Jr, 2010年刊行, 朝倉書店

『ロミオとジュリエット』著：シェイクスピア, 1996年刊行, 新潮社

『Amphibian Evolution』著：Rainer R. Schoch, 2014年刊行, WILEY-BLACK WELL

『Dinosaur Paleobiology』著：Stephen L. Brusatte, 2012年刊行, WILEY-BLACK WELL

『Echinoderms: Present and Past』 著：Michel Jangoux, 1980年刊行, CREC Press

『Evolution of Fossil Ecosystems, Second Edition』著：Paul Selden, John Nudds, 2012年刊行, Academic Press

『FOSSIL CRINOIDS』 編：H. Hess, W. I. Ausich, C. E. Brett, M. J. Simms, 1999年刊行, Cambridge University Press
『JURASSIC WEST』著：John Foster, 2007年刊行, Indiana University Press
『OCEANS OF KANSAS SECOND EDITION』著：Michael J. Everhart, 2017年刊行, INDIANA UNIVERSITY PRESS
『The Princeton Field Guide to Dinosaurs 2ND EDITION』著：Gregory S. Paul, 2016年刊行, Princeton Univ Press

《博物館図録》

『みずなみ化石&博物館ガイド』瑞浪市化石博物館, 2017年（第2版）

《企画展図録》

『恐竜博2005』国立科学博物館, 2005年
『恐竜博2019』国立科学博物館, 2019年

《プレスリリース》

『3D化石と「汚物だめ」：オルステン化石の保存の謎を解明』京都大学, 2011年4月12日

《WEBサイト》

『猿人ルーシーの死因は木から転落？ 注目の理由は』ナショナルジオグラフィックニュース, https://natgeo.nikkeibp.co.jp/atcl/news/16/083100323/
『BURROWS AND BREAK-INS ON THE TEXAS PERMIAN DELTA: STACKED AESTIVATING AMPHIBIANS AND ATTACKS BY DIMETRODON』 125th Anniversary Annual Meeting &Expo, Abstract, https://gsa.confex.com/gsa/2013AM/webprogram/Paper228458.html
『How to eat a *Triceratops*』 nature, http://www.nature.com/news/how-to-eat-a-triceratops-1.11650

《学術論文》

Akihiro Misaki, Haruyoshi Maeda, Taro Kumagae, Masahiro Ichida, 2014, Commensal anomiid bivalves on Late Cretaceous heteromorph ammonites from south - west Japan, Palaeontology, vol.57, part1, p77-95

Baoyu Jiang, George E. Harlow, Kenneth Wohletz, Zhonghe Zhou, Jin Meng, 2014, New evidence suggests pyroclastic flows are responsible for the remarkable preservation of the Jehol biota, Nat. Commun. 5:3151 doi: 10.1038/ncomms4151

Brian T. Roach and Daniel L. Brinkman, 2007, A Reevaluation of Cooperative Pack Hunting and Gregariousness in Deinonychus antirrhopus and Other Nonavian Theropod Dinosaurs, Bulletin of the Peabody Museum of Natural History, vol.48, no.1, p103-138

Brian D.E. Chatteron, Richard A. Fortey, 2008, Linear clusters of articulated trilobites from the Lower Ordovician (Arenig) strata at Bini Tinzoulin, north of Zagora, southern Morocco, Advances in trilobite research, p73-78

David A. Eberth, Xu Xing, James M. Clark, 2010, Dinosaur death pits from the Jurassic of China, PALAIOS, vol.25, p112-125

Dean R. Lomax, Christopher A. Racay, 2012, A Long Mortichnial Trackway of *Mesolimulus walchi* from the Upper Jurassic Solnhofen Lithographic Limestone near Wintershof, Germany, Ichnos: An International Journal for Plant and Animal Traces, vol.19, no.3, p175-183

Derek E. G. Briggsa, Derek J. Siveter, David J. Sivetere, Mark D. Sutton, David Legg, 2016, Tiny individuals attached to a new Silurian arthropod suggest a unique mode of brood care, PNAS, vol.113, no.16, p4410-4415

Fowler, Denver W, 2012, How to eat A *Triceratops*: Large sample of toothmarks procides new insight into the feeding behavior of *Tyrannosaurus*, the Sociery of Verebrate Paleontology, Poster session IV

Haruyoshi Maeda, Gengo Tanaka, Norihisa Shimobayashi, Terufumi Ohno, Hiroshige Matsuoka, 2011, Cambrian Orsten Lagerstätte from the Alum Shale Formation: Fecal pellets as a probable source of phosphorus preservation, PALAIOS, vol.26, no.4, p225-231

James M. Clark, Mark A. Norell, Luis M. Chiappe, 1999, An Oviraptorid Skeleton from the Late Cretaceous of Ukhaa Tolgod, Mongolia, Preserved in an Avianlike Brooding Position Over an Oviraptorid Nest, AMERICAN MUSEUM NOVITATES, no.3265

James M. Clark, Mark A. Norell, Rinchen Barsbold, 2001, Two new oviraptorids (Theropoda: Oviraptorosauria), Upper Cretaceous Djadokhta Formation, Ukhaa Tolgod, Mongolia, Journal of Vertebrate Paleontology, vol.2, no.2, p209-213

Jean Vannier, Muriel Vidal, Robin Marchant, Khadija El Hariri, Khaoula Kouraiss, Bernard Pittet, Abderrazak El Albani, Arnaud Mazurier, Emmanuel Martin, 2019, Collective behaviour in 480-millionyear-old trilobite arthropods from Morocco, Scientific Reports, 9:14941 ¦ https://doi.org/10.1038/s41598-019-51012-3

Jeffrey A. Wilson, Dhananjay M. Mohabey, Shanan E. Peters, Jason J. Head, 2010, Predation upon Hatchling Dinosaurs by a New Snake from the Late Cretaceous of India, PLoS Biol vol.8, no.3, e1000322. doi:10.1371/journal.pbio.1000322

John Kappelman, Richard A. Ketcham, Stephen Pearce, Lawrence Todd,Wiley Akins, Matthew W. Colbert, Mulugeta Feseha, Jessica A. Maisano, Adrienne Witzel, 2016, Perimortem fractures in Lucy suggest mortality from fall out of tall tree, nature, vol.537, p503-507

Kenshu Shimada, Takanobu Tsuihiji, Tamaki Sato, Yoshikazu Hasegawa, 2010, A remarkable case of a shark-bitten elasmosaurid plesiosaur, Journal of Vertebrate Paleontology, vol.30, no. 2, p592-597

Lucas E. Fiorelli, Martín D. Ezcurra, E. Martín Hechenleitner, Eloisa Argañaraz, Jeremías R. A. Taborda, M. Jimena Trotteyn, M. Belén von Baczko, Julia B. Desojo, 2013, The oldest known communal latrines provide evidence of gregarism in Triassic megaherbivores, Scientific reports, doi:10.1038/srep03348

Nobuaki Mizumoto, Shinya Miyata, Stephen C. Pratt, 2019 Inferring collective behaviour from a fossilized fish shoal. Proc. R. Soc. B 286:20190891

Roger M. H. Smith, 1987, Helical burrow casts of therapsid origin fro the Beaufort group (Permian) of South Africa, Palaeogeography, Palaeoclimatology, Palaeoecology, vol.60, p155-170

Rui-Wen Zong, Ruo-Ying Fan, Yi-Ming Gong, 2016, Seven 365-Million-Year-Old Trilobites Moulting within a Nautiloid Conch, Scientific RepoRts ¦ 6:34914 ¦ DOI: 10.1038/srep34914

Ryosuke Motani, Da-yong Jiang, Andrea Tintori, Olivier Rieppel, Guan-bao Chen, 2014, Terrestrial Origin of Viviparity in Mesozoic Marine Reptiles Indicated by Early Triassic Embryonic Fossils, PLoS ONE, vol.9, no.2, e88640. doi:10.1371/journal.pone.0088640

Tomasz K. Baumiller Forest J. Gahn, 2002, Fossil Record of Parasitism on Marine Invertebrates with Special Emphasis on the Platyceratid-Crinoid Interaction, The Paleontological Society Papers, vol.8, p195-120

Walter G. Joyce, Norbert Micklich, Stephan F. K. Schaal, Torsten M. Scheyer, 2012, Caught in the act: the first record of copulating fossil vertebrates, Biol. Lett., DOI:10.1098/rsbl.2012.0361

W. Scott Persons IV, John Acorn, 2017, A Sea Scorpion' s Strike: New Evidence of Extreme Lateral Flexibility in the Opisthosoma of Eurypterids, The American Naturalist, vol.190, no.1, p152-156

W. Scott Persons IV1, Gregory F. Funston1, Philip J. Currie1 & Mark A. Norell, 2015, A possible instance of sexual dimorphism in the tails of two oviraptorosaur dinosaurs, SCIENTIFIC REPORTS, 5 : 9472, DOI: 10.1038/srep09472

Xing Xu, Mark A. Norell, 2004, A new troodontid dinosaur from China with avian-like sleeping posture, nature, vol.431, p838-841

Yoshihiro Katsura, 2004, Paleopathology of *Toyotamaphimeia machikanensis* (Diapsida, Crocodylia) from the Middle Pleistocene of Central Japan, Historical Biology: An International Journal of Paleobiology, 16:2-4, p93-97

Zofia Kielan-Jaworowska Rinchen Barsbold, Narrative of the Polish-Mongolian Paleontological expedition 1963-1965, Results of the Polish-Mongolian Paleontological Expenditions 1, Palaeontologia Polonica

監修 芝原暁彦

古生物学者、恐竜学研究所客員教授。博士(理学)。

1978年福井県出身。18歳から20歳まで福井県の恐竜発掘に参加し、その後は北太平洋などで微化石の調査を行う。筑波大学で博士号を取得後は、(国研)産業技術総合研究所で化石標本の3D計測やVR展示など、博物館展示と地球科学の可視化に関する研究を行った。2016年には産総研発ベンチャー地球技研を設立、「未来の博物館」を創出するための研究を続けている。監修に『古生物のしたたかな生き方』(幻冬舎)など。著書に『地質学でわかる！恐竜と化石が教えてくれる世界の成り立ち』(実業之日本社)がある。

著 土屋 健

サイエンスライター。オフィス ジオパレオント代表。

日本地質学会員、日本古生物学会員。金沢大学大学院自然科学研究科で修士号を取得(専門は地質学、古生物学)。その後、科学雑誌『Newton』の編集記者、部長代理を経て、現職。

古生物に関わる著作多数。『リアルサイズ古生物図鑑古生代編』(技術評論社)で、「埼玉県の高校図書館司書が選ぶイチオシ本2018」の第1位などを受賞。2019年、サイエンスライターとして初めて古生物学会貢献賞受賞。近著に『日本の古生物たち』(笠倉書店)、『古生物のしたたかな生き方』(幻冬社)、『アノマロカリス解体新書』(ブックマン社)など。

絵 ツク之助

いきものイラストレーター。

爬虫類や古生物を中心に、生物全般のイラストを描く。爬虫類のグッズシリーズも展開。

イラストを担当した書籍に、「もっと知りたいイモリとヤモリ どこがちがうか、わかる?」(新樹社)、「マンボウのひみつ」(岩波ジュニア新書)、「ドラえもん はじめての国語辞典 第2版」(小学館)、「恐竜・古生物ビフォーアフター」(イースト・プレス)など。

著書に絵本「とかげくんのしっぽ」(イースト・プレス)がある

化《か》石《せき》ドラマチック

2020年5月18日　初版第1刷発行

著者　土《つち》屋《や》 健《けん》
監修　芝原暁彦
イラスト　ツク之助
装丁・本文デザイン　金井久幸+横山みさと[TwoThree]
校正　荒井藍
DTP　小林寛子
企画・編集　黒田千穂

発行人　北畠夏影
発行所　株式会社イースト・プレス
〒101-0051
東京都千代田区神田神保町2-4-7 久月神田ビル
Tel.03-5213-4700
Fax03-5213-4701
https://www.eastpress.co.jp
印刷所　中央精版印刷株式会社

ISBN:978-4-7816-1880-7